U0241630

MAN
THE MIRACLE
MAKER

目 录

房龙小引　　1

前　言　　1

第一章　人，发明者　　9

第二章　从兽皮到摩天大楼　　28

第三章　驯服自然的手　　60

第四章　从脚到飞行器　　113

第五章　形形色色的嘴　　146

第六章　鼻　子　　195

第七章　耳　朵　　198

第八章　眼　睛　　203

房龙小引

1987 年，三联书店老总沈昌文偶然问我："赵博士如何看房龙？他的大作《宽容》，在国内很畅销呢。"当时我回国不久，乍一听说"房龙"，不由得两眼发黑，只好如实回答说："我不熟悉房龙，也没读过《宽容》。"

我在哈佛学的是美国文化思想史。寒窗六年，自信不会遗漏重要思想家，哪怕是他们比较冷僻的著作。回想我的博士大考书单：千余本文史哲经典中，何曾出现过什么房龙？换个角度想：即便我一时疏忽，那些考我的教授，岂能容我马虎过关！那么，这个房龙由何而来？

据查，房龙（Hendrik Willem van Loon）不是美国土生子。1882年他出生在荷兰鹿特丹，自幼家境富裕，兴趣广泛，尤其喜好历史、地理。1902 年他乘船前往美国，入读康奈尔大学。毕业后，这个身高两米的荷兰小伙儿，迎娶了美国上流社会的一位富家女。不久俄国爆发革命。房龙以记者身份返回欧洲，接着报道第一次世界大战。奔走多年，未能当上名记者，房龙于是转求其次：他先是摘取慕尼黑大学博士学位，随后又往美国高校寻觅教职。

1915—1922 年，房龙在美国康奈尔大学、安提克学院，两度教授欧洲史。校方评语是：房老师讲课颇受学生欢迎，可他"缺少科学性，无助于提高学生成绩"。这话听着委婉，实乃判决他不配在大学教历史。

教书不成，那就写书做研究吧！房龙的第一部著作，出自他的博士论文，名曰《荷兰共和国的灭亡》(1913)。此书算得上学术研究，可它销路不好，无法改善作者的经济状况。请留意：此时房龙已育有二子。他必须发愤工作、努力挣钱，才能维持小康水准。

1920 年房龙再婚，随即与书商签约，开始撰写通俗历史读物《古人类》。这本杂书旗开得胜，令房龙一发而不可收。自 1921 年到 1925 年，他接连发表《圣经的故事》《人类的故事》《宽容》等多部畅销书。

短短十年里，房龙靠写畅销书发了财，分别在美国与欧洲购置房产，进而自由写作、四处旅游、参与多种社会活动。至 1944 年去世，房龙在美国学术界依旧是一文不名。可在现代图书出版史上，此人却打造了一个商业成功故事。

我们已知：房龙并非资深学者，更不是什么欧美知识领袖。谁想这个"不入流"的房龙，影响力居然超出美国本土，漂洋过海来到中国。房龙为何在中国走俏？依我拙见，这里头的原因相当复杂，牵扯到经济、政治、文化诸方面。其兴衰过程，亦同中国最近一百年的国运相关。

先看房龙怎样与中国结缘。1922 年，房龙在美国推出畅销书《人类的故事》。1925 年，商务印书馆率先出版此书，译者是沈性仁女士。

曹聚仁读了沈女士的译本，称房龙对他的青年时代"影响极大"。

房龙 1920 年发表的《古人类》，也于 1927—1933 年间，在中国陆续出版了四个译本。书名分别是《古代的人》《远古的人类》《文明的开端》等。其中，林徽因译本《古代的人》，颇受中国学界关注。该书由郁达夫亲自作序，1927 年由上海开明书店出版。

林译本序言中，郁达夫发表高见道：房龙文笔生动，擅长讲故事。"他的这种方法，实在巧妙不过。干燥无味的科学常识，经他那么一写，无论大人小孩，都觉得娓娓忘倦了。"他又道：房龙魔力，并非独创。说到底，此人不过是"将文学家的手法，拿来讲述科学而已"。

在当时不少美国人看来：房龙成批发表通俗历史书，大赚其钱，沽名钓誉，委实令人侧目。美国报刊上的文学专栏，偏又跟着推波助澜，鼓吹房龙作品。大作家辛克莱·刘易斯气不过，终于逮着一个机会，当面呵斥房龙说："你以为自己是个啥？你也算是作家吗？"

房龙死后，美国《星期日快报》刊登讣告，称他"善于将历史通俗化，又能把深奥晦涩的史书，变成普通读者的一大乐趣"。房龙的儿子，也在给他爸撰写的传记中表示："美国文学史、史学史都不会留下房龙的名字。他虽然背着通俗作家的名声，却能让老百姓愉快地感受历史、地理和艺术。"

对比美国人的评语，郁达夫之见不但中肯，而且老到。唯有一点遗憾：他已点破房龙畅销的奥秘，却未分析图书出版的市场规律。上述"挥笔成金"的神奇法则，后于 20 世纪 40 年代的美国好莱坞，被德国法兰克福学派的阿多诺博士成功破译，进而著述论说，将其精确描述为大众文化（Mass Culture），或曰文化工业（Culture Industry）。

何谓文化工业？说白了，即出版商、投资商与文化人联手，套用最先进的现代工业生产方式，大批策划、炮制、包装并推销文艺作品，令其像时髦商品一样流行于世，老少咸宜、雅俗共赏。在此意义上，房龙的商业成功，一面体现资本主义的文化畸变，一面反映美国文明的现代化趋势。

以上讲的是现代经济学。再看20世纪30年代的国际政治。房龙的盖世大作《宽容》，初版于1925年。此际，欧洲革命刚刚退潮，德、意法西斯蠢蠢欲动。面对凶险难测的世界，房龙感叹人类步入一个"最不宽容的时代"。为此，他欲以"宽容"为话题，带领读者回到古代，从头检讨祖先的愚昧与偏执：

从古希腊、中世纪到启蒙运动——房龙不厌其烦，将一部"思想解放史"，刻意改写成一部"不宽容历史"：其间有种族屠杀，有十字军远征，有教会对异端的迫害，有宗教裁判所对科学家的折磨。当然，还有文艺复兴倡导的人本主义，启蒙运动鼓吹的思想自由。

一句话，房龙笔下的欧洲文明史，始终贯穿着"宽容与专横"的搏斗：犹如一双捉对儿厮杀的角斗士，他俩分别代表了善与恶、光明与黑暗、进步与反动。

提醒大家：房龙身为美国历史学博士，其政治立场基本是自由主义的，即相信科学理性、政治平等、思想自由。然而，这种自由派的柔弱本性，一旦遭遇革命与战争，它就会自相矛盾、破绽百出。请看房龙言不由衷的苦衷：

"进入20世纪后，现代的不宽容，已然用机关枪和集中营武装起来，以便代替中世纪的地牢、铁链、火刑柱。"历史不是一直在进步吗？人类不是越来越文明吗？房龙嗤之以鼻道："如今距离宽容一统天下的日子，还需要一万年，甚至十万年。也就是说，宽容只是一种梦想，一种乌托邦。"

1937年，希特勒发表《我的奋斗》。次年，房龙推出一本《我们的奋斗：对阿道夫·希特勒〈我的奋斗〉的答复》。作为一本反纳粹宣言，此书得到美国总统罗斯福的嘉许。1939年，德国入侵荷兰，大举轰炸鹿特丹。房龙怒不可遏，遂以志愿者身份，出任美国国际电台播音员。"二战"期间，他代号"汉克大叔"，日夜报道欧洲战况，鼓励家乡民众，并以暗语指导抵抗运动。

1940年《宽容》再版，房龙写下后记——这个世界并不幸福。为啥不幸福？只因"宽容理想惨淡地破灭了。我们的时代仍未超脱仇恨、残忍与偏执"。非但如此，"最近六年来，法西斯主义与各种意识形态大行其道，开始让最乐观的人相信：我们已经回到了不折不扣的中世纪"。结论："宽容并非一味纵容。如今我们提倡宽容，即意味抵抗那些不宽容的势力。"

《宽容》为何在中国受欢迎？窃以为：起因在于反法西斯，同时离不开中国的抗日战争。1939年，上海世界书局惨遭日军轰炸。废墟中，中国工人冒险捡回房龙著作的纸样，又为《圣经的故事》出版了中译本。该译本留下一封房龙1936年底写给译者谢炳文的信。

这封信中，房龙自称他"痛恨徒劳无益的暴虐。我试着为普通读者和孩子们写书，以便他们学到这个世界的历史、地理和艺术"。他又提醒译者：要特别留意书中讨论"宽容"的部分，因为"最近两年的各种消息，尚不足以表明宽容取得了胜利"。遥望德国坦克扬起的滚滚尘埃，房龙自问"我能做到吗"，后面连加五个问号。

再看中国改革开放之后。1985年，三联书店出版房龙代表作《宽容》。至1998年，此书连续印刷十一次，成为三联书店评选的"二十年来对中国影响最大的百本图书"之一。紧随其后，房龙《人类的故事》和《漫话圣经》也热闹上市，掀起了难得一见的"房龙热"。

房龙死后四十年，竟又在中国火了一把。是何道理？据沈昌文回忆："翻译出版此书，得益于李慎之。李先生洋文好，又是老共产党员。他曾跟我说：我们在很多事情上，要回到西方的'二战'前后。按照指点，我找到的第一本书就是《宽容》。"沈公又说："'宽容'这个题目好。大家都经历过'文革'，那个年代没有宽容。所以《宽容》出版后，一下子印了十五万册。"

到了90年代后期，三联不再重印《宽容》。然而此书却不断引发多家出版社的追捧。根据沈公收藏目录，其中便有广西师范大学出版社中英双语本、陕西师范大学出版社全彩珍藏本、中国人民大学出版社版、中国民族摄影艺术出版社版等十二个不同版本。1999年，北京出版社又出版一套十四册的《房龙文集》，囊括了他的全部著述。

于是有人开始美化房龙，誉其为"自由主义代表""人文主义大师""始终站在全人类的高度在写作"，云云。对此，我要插一句闲话：房龙不入流，他只是一个通俗作家而已。大家若想了解美国思想史或是研究英美自由主义，有许多经典可以选读。偏偏这个房龙，可以忽略不计。

同样都是书，差别为啥这么大呢？对此，王国维先生在《静安文集续编》中早已指点过我们："哲学上之说，大都可爱者不可信，可信者不可爱。伟大之形而上学，高严之伦理学，与纯粹之美学，皆吾人所酷嗜也。然求其可信者，则宁在知识论上之实证论，伦理学上之快乐论，美学上之经验论。知其可信而不能爱，觉其可爱而不能信，此近二三年中最大之烦闷。"

王先生古板。他老人家不晓得，"文革"之后中国老百姓发现：他们可以自由读书了，岂不皆大欢喜、人人捧读？因此便有文化热、房龙热，以及各种各样略加一点儿学问、实为消遣取乐的玩意儿。如今中国人都读书、都买书。其中最好卖的书，就是闲书、杂书、可爱书、读了不痛苦的书。

比较 20 世纪 30 年代，如今中国可是宽容多了。即便同 90 年代比，眼下也是过之不及、量之有余。经此一想，我也变得十二分宽容起来。三联要出房龙文集？可以呀，我很乐意为它写序！

最后笔录两段房龙名言："百家口味，各个不同。所以能否宽容，能否兼收并蓄，事关历史能否进步。任何时代的国家和民族，如果拒斥宽容，那么不管它曾有过怎样的辉煌，都要无可挽回地走向没落与衰亡。"

他又在《宽容》后记中告诫说："我们仍处于一种低级社会形态。其特点是：人们以为现状完美无瑕，没必要再做什么改进。这是因为他们没有见过别的世界。一旦我们麻痹大意，病毒就会登上我们的海岸，把我们毁掉。"

赵一凡

2008 年 10 月于北京

万能的人

前　言

开始时，一切都很简单。地球是宇宙的中心，天是美丽的蓝玻璃做成的巨大穹顶。

晚上，小天使在这穹顶上捅出洞洞儿。看哪，那就是星星。

但是有一天，一个勇者拿着一副三文钱的望远镜，爬上高塔，长时间严肃地眺望。

从那一刻起，麻烦来了。

首先，必须得请太阳进驻宇宙的中心。然后人们又发现，我们著名的太阳系根本不是"宇宙"，只不过是某个神秘、庞大系统的细枝末节，这个系统相应地又是另一个更神秘、更庞大系统更小的细枝末节，后者被模糊地认为是银河系某个偏远一角极其微不足道的细枝末节。

这些发现不仅在神学家中，也在数学家、天文学家中掀起轩然大波。在这以前，他们已经能用公里、英里测量地球与月球的距离，甚至地球与最近的行星之间的距离。

进步

　　但现在，人类那著名而古老的"宇宙"蓦然变得不那么重要，而不过是某部东方圣书某章简便的舞台布景。人们越来越明白，存在着体量大得令人难以置信的星球，我们自己太阳系的大部分都能装进它们的肚子，它们却不会有丝毫不适。我们的祖先进行简单计算时用的那些"0"，现在要翻上万亿倍或者万万亿倍。这时，人们感到应该制定一个新的几何级数标准，才能让天文学家在用对数计算尺计算时，不至于磨破胳膊肘。

于是确立了9290万英里（约1.5亿公里）为一个所谓"天文单位"。它代表地球公转轨道的平均半径。只要不是冒险走出太远，这就是个足够方便的标尺。

但一旦用于真正的星球（那些大星体，而不是我们周围这些小家伙），这个"天文单位"就变得一无是处了。必须得想出比可怜的9290万英里更实用的单位。

当此之时，阿尔伯特·迈克耳孙（Albert Michelson）正在做光学实验。他发现一道光线（当然，以复数来说"光线"纯粹没有意义，但我用这个词，是因为我们仍绝望地陷于浪漫主义时代的诗意用语中，恐怕要过几个世纪才能用科学时代的术语来思考）。我要说的是，当时迈克耳孙发现，光这种物质是以每秒299820公里的速度传播的。某个人由此灵机一动，用60秒乘以60分钟，再乘以24小时，再乘以365天，得出一个令人满意的结论：光一年能走大约9.46万亿公里。这个距离就被称为"光年"，成了现代衡量太空的标尺。

一开始似乎皆大欢喜。在引入"光年"之前，星群中距我们最近的邻居半人马座，离我们25×10^{12}英里远。此后我们就可以满不在乎地说："半人马座？啊，对了，不过离我们4.35光年。近得几乎叫人不舒服！"

但是，哎，天文学家对距离的胃口是无法餍足的。他们发现了距我们2万或3万"光年"远的漂亮小星球。然后，他们勇敢地冲向星云，那是些发光的小点，让人想起显微镜下看到的微生物。他们发现有些星云距我们达200万到300万光年。

于是，甚至"光年"也变得有点荒谬可笑了。

但谁又能给我们更好点儿的标尺呢？

我把这些摆在你倾羡的目光前，可不是为了向你显示我学识渊博，或者我刚通过分期付款幸运地买到了一套《大不列颠百科全书》。我在"永恒"这件乐器上弹出这几条和弦，是为了就本书的余下内容，给你提个醒。

当地球被粗暴地剥夺了"宇宙中心"的优越位置，有人觉得人类也要被从那个高位上推下来了（自从不再爬行，人类就以极端的傲慢，把自己放到了这个高位上）。宇宙中有成千上万个星云，每个星云都有几百万平方光年那么大。在这样一个宇宙中，人当然会觉得自己无比渺小，不会再吹嘘自己出于神造，而是开始看清自己的本来面目——不过是比较聪明的动物而已。

但有一点变得明确无疑：要让人的心态发生这一变化是不可能的。对人来说，自己后院发生的火灾，比发红的天蝎座主星心宿二（直径达 64 亿公里）的火山爆发之灾重要得多。自己汽车汽缸传来的可疑响动，比猎户座的参宿四（唯一一颗进入周日报纸副刊的恒星，因为它的重量和体量）也许会毁灭的谣言重要得多。也不要忘了，人智齿的可怕跳痛，会让他对人类即将面临的未来更为忧心忡忡，胜于他听说忠诚而古老的月球也要像她以前的五姐妹一样沦入虚无。

也许就该如此。

当天文学家让宇宙伸展扩大，直到无边无际，甚至显得诡异时，其他一些科学家则在对付着原子，把那可怜的小不点分割得

太空

越来越小，最后发现了一个由无限小的粒子构成的世界。这些粒子在 1/100000000000000 毫米的比例尺上嬉戏，就像很多完备的、普通显微镜看不见的太阳系那么规则、那么准确，表演着在瞬间平衡再平衡的绝技。面对这些，一般人的头脑会越转越晕，只能拒绝承认有这种事，或者干脆发疯。

不，还是让人类仍做宇宙的中心吧，至少到他具备真正大脑的那一天。

但这类发现注定会影响人类对生活问题的态度，不论这影响多么微小。你在本书中要遇到的主人公跟远古时代的族长截然不同。那族长觉得万物都供他驱使，因此可以屠杀、伤害动物界的所有邻居；宇宙只是为了满足他的需求，供应他的各种需要，此外别无目的。

人也许是万物之始与终（千万年来人们一直是这样告诉他的），但在内心深处，他开始怀疑了。他开始逐渐觉得无始也无终，100万年前的"当下"跟今天的"当下"或10亿年后的"当下"差不多。

他也许是一切生物中完美度达致巅峰的，但他宁愿暂时不下结论，而先去看看在其他数以亿计的星球上发展出了怎样的生命。那些星球是他在太空旅程中的伴侣。

简言之，经过几千年的迂道之后，他敢于再次意识到那崇高的古典理想，它庄严地总结了理想人生的哲学：

"我们都只是人。我们认为与宇宙有关的一切，都与我们有关，都值得我们关注。"

本书的主人公基于与生俱来的近乎崇高的好奇心这一"专利特权"进行探索，他试图挖掘每个角落，考察每个地区，研究人类理性范围内每一现象的深藏意义。他将不盲信任何人、任何事，除了可证实的真理所立下的规矩，这些规矩是我们未来发展的基石。

如果他探索成功，他将谦逊地让邻居们知道。如果他发现（暂时）被面前的困难所阻，他将无愧地承认失败，把这留给比他更有本领的人再去尝试。

首要的是，他将肯定生活，以耐心、隐忍、善意的幽默，无畏地踏入未知王国，直到他借用了一刹那的那一小滴能量要被用于别的用途。那时他将毫无怨言地退还这借来之物，因为他明白，生与死都只是同一思想的表达。实际上，在这个世界上一切都不重要，重要的只是个人敢于面对一个问题的勇气，即存在问题，而它没有明确答案。

我知道，这一切听起来有些复杂。

但如果你慢慢读，再试着多读几次，实际它不及你设想的一半复杂。

如果谁觉得这个任务太重，那他最好现在就放下这本书。他们将很快觉得无聊、恼火，并且会想，这说的都是什么，为什么写这么一本书。他们可以去看电影，以更好地消磨时间。

但对另外一些已猜到我用意的人，他们也不需要任何进一步的介绍了。他们会明白，我也许没有明确解决什么问题，但我非常、非常努力地告诉他们为什么某些事那样发生，因为只可能那样。沿着这些路线，我们可以期待最终把人类从那可怕的"暴政"下解放出来。几十万年来，那"暴政"让地球乱成一团，它的必然而直接的原因，就是人类不能勇于直面自己的偏见和愚昧。

最后说一句。

如果没有一小群先驱者坚毅、无私的奉献，这一伟大的解放事业将永不会成功。

有些读者甚至会觉得，我想让他们成为本书中歌颂的那种先驱者。

他们猜对了。

因为，总的来说，我撰写此书的用意正在于此。

亨德里克·威廉·房龙

维勒（Veere）1928 年 8 月 31 日

第一章 人，发明者

某日，天气晴好，一小片尘埃（它的重量只有 6×10^{63} 吨重，在这类天体中是微不足道的）脱离了古老的太阳母亲，开始自立门户。

这件事在天空中没有引起什么波澜，因为这个新近荣升的星球实在渺小得可怜，那些比较老资格的住在宇宙"贵人区"的遥远星星，根本没注意到这小兄弟的出场——除非它们那里的居民所拥有的望远镜，比今日我们天文台中的更先进，而这似乎不太可能。

但是，我们也许最好别去深究那些不体面的细节，因为我们毕竟都是这个小圆球上的囚徒。不论我们喜欢与否，这小小的行星都是我们的家，也许今后很长一段时间将一直如此。

我并不是想说我们永不会踏入太空，偶尔拜访一下太空中别的地方。但很难说那些行星中是否有一个适于地球居民永久居住。因为，它们或者根本无法居住（我们太阳系的大部分行星似

我们漂浮的监狱

乎都如此），或者，如果它们已发展出自己的生命形式，那必定比我们这座漂浮监狱上的生命古老得多。也许在我们之前的一两百万年，它们就已有了文明的萌芽，在那种地方我们是格格不入的。这让我想起令我长期困惑的一件事。

人们为什么如此热衷阅读侦探小说？

通常的回答是，"是那谜团吸引着他们"，或者"是看着一条模糊的线索发展成一连串铁证，所以着迷"。

据我所知，也许确实如此。但我在想：既然我们这个星球的故事就是一长串最引人入胜的谜，为什么没有更多的人来研究地质学呢？迄今为止只有几个问题有了答案，剩下的仍固守着秘密。但我们对它们要公平，应该说，这些各种各样的谜团中没有一个是全无线索的。

古人就知道这一点。他们迫使自己居住的岩石、平原，说出关于人类起源和早期历史的很多重大之事。但他们的后人——谦恭的中世纪人——尽管在战场上英勇，在理性王国却是可怜的懦夫。他们不提问题，恭顺地接受了别人根据一本古书教自己的东西。对所住的星球感到好奇，这被认为不啻亵渎上帝。

今天，中世纪已被归入了历史古玩博物馆。再过上一两万年，我们劲头十足地爬行在其上的这片小小地壳，将不再有秘密可言，就像阿司匹林药片或南瓜饼没有秘密一样。

我似乎对几万年、几十万年说得太轻松了一点儿，对一个个世纪玩儿得太随便了一点儿。但我几乎无法不如此，因为现在，新的史前发现几乎使我们说的"历史"时期朝前推进了四倍（"历史"一词的公认意思是"对过去事件的不间断的有序记载"）。此外，感到我们熟悉的万物都年代悠久，这对灵魂来说大有裨益，它教会我们谦卑和耐心。我们开始意识到，我们的祖先用了约50万年才学会用腿走路，这时，当我们的同时代人没有如期迅速解决某个重要问题，我们会更宽容他们，对我们自己也有更好的认识。我们不再那么自命不凡。我们不过是暴发户。在大多数其他生物到来千百万年后，我们才在地球表面出现。我们自以为是宇宙的主人，实际上只是前天才走进了前门。

至于大自然经过怎样的步骤，才让人达到两条腿走路这个不

地壳变硬了

错的结局，许多细节我们仍不知晓，但至少能大致猜到是怎么回事。

这一切一开始，都是因为地球的外壳变得冷却，能支持生命了。地球上迅速住满了各种各样的植物，以及各种长着甲壳、眼不见物的生物。它们终生在水中，是地球不容置疑的主人。

我们知道，其中有的生物一直忠于大海，成了我们今天吃的鱼的祖先。有的则进化出了翅膀，飞向空中，成了现代鸟类的祖先。我们还发现有的生物与今天的蜥蜴、蛇属于同一类，占据了大片地盘。很长一段时间，地球似乎要被这些爬行动物永远占领。因为那一时期（请用几百万年来思考，忘掉你历史书中的年代，它们在永恒的日历上只代表几秒钟）潮湿的气候大大有利于庞然大物的发展，它们在水里跟在陆地上一样自如，像活的战舰

爬行动物的世界

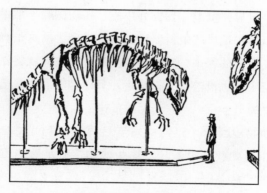

博物馆中从前的世界之王

一样。

我们还知道，当时，空中、水中、陆地都是那些庞然大物的领地，它们有40英尺或50英尺或60英尺长，肚子跟相当大的快艇船舱一样大。而这一时期之后，地球上任何地方都找不到这样大的动物了。

地球的这些早期统治者是如何不光彩地灭亡的？为什么今天它们留存下来的只有袖珍版本？对此，直到几年前我们还一无所知。现在我们终于开始知道，原因不止一个。有大量彼此纠缠的复杂原因。其中"万物必然头重脚轻"这条主宰一切生物的定律，与之有很大关系。

你们知道今天在武器领域发生的事。要想为通情达理的公民们创造太平世界，世上一切良好用心、一切国联，都不及一个简单平常的事实：现代战争机器已变得这样庞大，头重脚轻得令人难以置信，不久的将来，只因为体积过大，它们就将无法漂在水上或飞在空中，也没法骑，没法走，只能呻吟着跟跄前进，如同陷在泥沼里的卡车。

那些动物也经历了这样的发展过程，它们可笑的骸骨从博物馆展示柜里朝我们龇着牙（那些博物馆有足够地方摆放这种展品）。

它们越来越庞大，越来越强壮，直到既走不动也游不动，只能在无边的沼泽、泥潭里跋涉——在地球史的那一时期，沼泽覆盖了大片地表，除了芦苇和海藻，长不出别的更有营养的食物。

然后，气候发生了变化——当时气候比现在更易突变，因为

创世记

人

现在海洋和陆地的分布比例更均衡。这些头脑迟钝的庞然大物既不能转向大海，也不能转向陆地来寻找新活路。于是它们注定要迅速地灭绝。亿万年来，数不清的巨大爬行动物都是地球无可争议的主人，后来却没一个活着看到大型哺乳动物的到来，以及最后人的出现。

这就是人们常常讲述的故事版本。但我不知道这是不是全部，是否还有一个角度，我们从未以那种视角看待此问题，对这些动物的猝然灭绝而言，它跟其他常提的理由一样重要。

气候变化无疑对一切生物（从微生物到骡子）的舒适和幸

福，都产生了重大影响。

但气候变化不一定都是致命的，除非可怕到简直就是灭顶之灾（就如地球以前的卫星毁灭后所发生的那样）。实际上它们跟金融危机颇相似。两种情况下，遭殃的都是没有准备者。

但采取了自卫措施以预防这些突发紧急情况的，则能经受住考验，存活下来。

这句话给了我一个绝好的机会来引入我们故事的真正主人公（人类），同时也克制一下长篇大论的冲动（常常是作者兴致勃勃地长篇大论，读者却百无聊赖）。

哎！当这生物第一次出场时，它一点儿也不像英雄，却很像从动物园铁栏后忧郁地看着我们的狒狒、黑猩猩、猩猩。

我不是说人类直接源于这些类人猿，也不是说人类只是取得相当成功的大猩猩而已，因此有理由对不幸的祖先感到有点儿羞愧。这会让人类起源问题显得过于简单。

但按照我们掌握的最新的知识，几百万年前，黑猩猩、猩猩、狒狒，还有我们自己，有一个共同的祖先。只不过家族中某一成员进化得高了一点儿，漂亮了一点儿，有时甚至高贵了一点儿。其他分支则完全满足于在猛犸象、洞熊时代过的那种生活，行动笨重，住在原始森林的阴暗处，被捉进笼子，供住在大城市中瞠目结舌的表亲们观赏，以告诫那些懒惰、无能或太笨而没能抓紧机会的人，会有怎样的下场。

人是怎样从长尾四足动物的低贱地位（几乎受制于所有更强大的邻居），爬升到无尾两足的宇宙主人这一高贵位置的？我们

垂死的猛犸象

对这一问题进行科学研究的时间还太短（以前，我们会因可恶的好奇心而被烧死在火刑柱上），所以，这次奇妙变化中的很多最重要细节，我们仍一无所知。

尽管如此，人们也做了相当多的工作，使我们至少能大体知道，我们刚刚有了手的祖先如何鼓起勇气，决心脱离纯粹动物性的无聊生活。

我们的类人猿祖先第一次获得全球范围的显赫地位时，地球上气候温暖稳定，水比现在多。没有我们现在的大陆，却有一块块不大的干燥陆地，覆盖着茂密的森林。森林中住着有着同一个类人猿祖先的各种群落。它们住在树上，擅长杂技，因为它们的安全全赖能毫厘不爽地长距离跳跃。虽然它们并不必然天生就思

森林覆盖的地球

维敏捷，但它们被迫变得比强大天敌更聪明，否则就会被后者吃掉。

如果一切顺利，世界一成不变（令很多老实人大为恐惧的是，世界从来都不是一成不变的），类人猿也许最终会成为地球之主，就像以前的大型爬行动物、大型哺乳动物一样。

但大约1000万年前，地球似乎又发生了变化。水退下去一些，陆地扩大，全球整体温度降低，空气也没有以前那么湿润了。其结果是环境变得更不利于植物生长。很快（照例也就是几十万年后），自古覆盖着森林的大片陆地开始偶尔出现一片片空地。最后，森林消退成小片的树林"岛屿"，四周则是草原和雪山。

这时我们的祖先才有了机会。

洪水退却

　　在此之前，它们生活得很轻松，从无边无际的森林的一处迅速移动到另一处。现在，它们发现没有以前的移动途径了，就好比火车没了铁轨一样无助。

　　更糟糕的是，山脉越来越高，形成一系列屏障，开始把世界分割成明确的地块，能逃出的只有飞鸟，还有几种较顽强的昆虫和蝴蝶。

　　在这种条件下，适者生存的定律开始产生最奇妙效果。大多数接近猿人的动物都向命运屈服，但比较聪明的那些则进行反击。

　　它们仅有一种反击手段。

　　那就是大脑。

最初的痛苦努力

就是在那时，我们的族类经受了最严重的危机。就是在那时，人类的未来命运一锤定音。

也是在那时，人类的始祖成了发明者。

当我们在现代意义上用"发明"一词时，我们马上想到飞行器、无线电、复杂的电器。但我现在要说的是与此截然不同的发明。我要告诉你们的是那些基础的、根本的发明。奇怪的是，似乎只有一种哺乳动物能做出这些发明。它们使该物种在其他大多数物种都灭绝时，不仅得以存活，而且为自己和后代赢得了无比尊贵的地位。这一地位坚不可摧，除非人因为愚蠢和贪婪继续现在的暴力、战争政策，仍像以往那样自相残杀，而让自己被某些特别勤劳、繁殖力特别强的虫豸吃得倾家荡产。

威胁

会发明的动物

在此，当然有人会打断我问：那动物的发明呢？鸟、马蜂、蚂蚁和一些鱼不是发明了巢穴吗？河狸不是名副其实的建筑师，学会了造水坝，跟人用手造的一样好用吗？蜘蛛不是制造了各种捕猎工具，令猎物胆寒吗？很多昆虫难道不是挖陷阱来捕猎吗？诸如此类。

对此我只能回答"是的"。"发明"这件事并不限于动物世界中被称为"人"的物种。他的几个对手也"发明"东西。但普通动物的发明与我们这个物种的发明有天壤之别。

普通动物只能想出一种新主意，这个主意似乎耗尽了它们的想象力。然后它们只是完全单调、机械地重复自己。

它们在公元 1928 年造的巢、网、水坝，跟它们在公元前 192800000 年造的巢、网、水坝没有不同。如果我们让它们存活下去（这一点很可怀疑），192800000 年后，它们造的将还是一样的巢、网、水坝。因为它们的所谓发明只是日常寻求食物的一种本能。可资证明的是，同是这些动物，在被捕获后几乎马上就什么也不造了，而是快活地接受饲养员的喂养。而人似乎在较早的时候就意识到，生活不只是吃饱喝足，如果没有大量闲暇时间，人就不可能致力于精神领域的问题。只有摆脱了劳作和苦力，人才会有这种闲暇，而摆脱劳作和苦力，只能通过不断做出各种"发明"。这些发明的基础，就是把大自然赋予人的几种单薄的能力进行无限的强化和扩展。

这个句子很长。但这是本书最后一个长句子了。而且，它也不能不长。人在讨论生命的根本问题时，不能像说天气、即将进行的选举那样。长篇大论才能阐明大思想。但只要你明白我在这一页要说什么，你就明白了本书的一切。所以，你把前面这段话反复读几遍，没有坏处。

我们现在所知的人类，一开始就有一个巨大优势。人类祖先生活在树上，早在其他动物置身同样困境之前，它们就被迫变得头脑敏捷、行动果断。别的动物是以强力对强力。对猿来说，则要手指灵巧、心更灵巧，以抵抗其他动物足以击碎大树的爪子和喙。

随着以前的栖息地的消失，这些动物突然被迫改变生活方式。此前它们在使用手脚上已积累了多种技能，于是比较容易地就用后腿站起来，用前足在低矮的灌木、高耸的芦苇中支撑身体。它们现在必须在这些植被中移动觅食。

最后它们发现几乎完全失去了绿荫的遮蔽，只能生活在平原上。这时，它们已不再只是一种住在树上的动物，而成了一种奇怪的新动物。它们迅速学会了一个高难动作：不需任何支撑而用后腿行走。前爪不必再承担辅助移动的任务，得到解放，可以完全用于一些新用途，如"握""举""撕"。以前这些都是借助它们有力而笨拙的下颌完成的，其结果很不令人满意。

这就在进步之路上迈出了第一步。它直接导致了第二步，即本书大部分的内容。它包括逐渐扩展我们的手、足、眼、耳、口的力量，强化皮肤的忍耐力。我们以此获得了现在动物王国中的优越地位，成了这个既是家园也是监狱的星球上当之无愧的主人。

冰川来了

　　还不止于此。我们的祖先被粗暴地推入了一个困境：要么保持不变而灭亡，要么改进一点儿而存活。这时大自然来助阵了。气候变化不仅使森林面积缩小，相应而来的水源变少、山脉增高（可能还有尚未发现的其他原因）还导致整体气温骤然下降，地球又出现了一次所谓"冰川期"。此前，每过一段时间，南北半球的大部分地区都会覆上厚厚的冰雪层，迫使所有动植物退到赤道两侧一条狭长地带。

　　万物生性都是懒惰的，这一点在现代常常被忽略（现代全盘

冰

机械化的文明导致人感到空虚无聊，工作几乎成了摆脱无聊的唯一办法）。既然生物的使命就是活下去，它会竭力活下去。但一旦这个主要任务已无须操心，所有动植物，甚至一片珊瑚，都更喜欢安宁，而不是活动与劳碌。不管是狮子、树，还是小虾，只要能愉快地无所事事，就都不劳作。在那些漫长的日子里，地球表面只有八分之一能居住，若不是残酷环境逼迫人采取行动，人也不会取得现在的辉煌胜利。

此前此后，人在各种发展领域都不曾取得那样的长足进步。那是一个冰川从四面压下来的可怕时期，夏日缩短为不过几天，北极到阿尔卑斯山之间是一整块大冰原。

我们总听人说"艰苦锻炼人","艰苦"据说是最好的学校。如果从结果上判断,"冰川学校"是人类上过的最彻底的培训学校。

冰上课程的第一条:"你要么尽可能发展大脑,要么灭亡。"

在那漫长的被遗忘的日子里,我们的祖先是缺乏教养的野兽,是散发着臭气的野蛮人,跟大多数动物邻居相差无几。但当我们想到他们勇于投入一场实力悬殊的战斗,对抗大自然,克服今天看来无法克服的困难,一直坚持到最后胜利时,我们很大程度上会原谅他们。

人把手、足、眼睛中沉睡的力量无限扩大。我下面就要告诉你,人是如何通过这简单的过程而取胜的。

第二章　从兽皮到摩天大楼

　　人总是力图以最小的努力换取最大的快乐，如是度过一生。这是值得赞扬的。人类做出的所有发明，总的来说都服务于这一目的。

　　但有的发明只是扩大（或扩展、深化、增加）了某些身体机能，如"说""走""投""听""看"的机能。另有一些发明则是源于人希望让身体更舒适和官能得到修复。

　　我在这里做出的划分是很不精确的，很多发明的起因都彼此重叠。但所有科学分类都是如此。大自然本就极为复杂，人又恰是大自然的成果中最复杂的一个。其结果是，与人、人的欲望、人的成就有关的一切，都是一大团突出的矛盾。

　　我觉得我有责任告知你们这一点，因为如果你碰巧热衷于条分缕析，你会在本书中看到很多令你光火的事。你最好换一本植物学手册或几张时刻表来看。它们保证既无错误，也不夸张。

　　比如，就拿与人的皮肤有关的发明来说吧。它们是属于第一

人

类与生存有关的发明，还是属于第二类（我希望以后再写这方面
的内容）"维护修复"方面的发明？我真不知道，但我决定将其
收入本书。现在我们总是想当然觉得它们似乎属于第二类，只起
到"维护"作用。但一开始，它们几乎比其他发明都更能保护人
不至于灭绝。所以我把它们放在这儿。

　　下面就是。

＊＊＊

　　自古以来，动物都赤身裸体地四处走动。不论多冷，没有一
个想到利用去世同类的皮制造一层热量，来强化自己的皮肤，以

第一件外套

抵御冰雪风暴的侵袭。有时候，遇到暴风雪或冰雹，动物会躲在岩石下，但仅此而已。

冷的时候披件外衣，这个想法似乎简单至极，我们几乎想不起什么时候人们不知道这一点：只要披一层取自动植物的材料——要么是死亡动物的皮，要么是毛毯、亚麻外套，或用草、树叶等编成的斗篷——就能保护身体，抵御气温的骤然变化。

但你在本书中始终都会注意到，最简单的发明常常是最不容易想到的。要千万聪明人的不懈努力与才智，才能发展出甚至最为简单之物，并将其付诸实用。

当然，我们不知道进步之路上那些真正先驱者的名字。但必定有谁"第一个"披着牛皮或熊皮走出去，正如在我们的时代，有人"第一个"用电话通话，"第一个"倾听电报密码的第一声微弱声音。我敢断定，"第一个"穿外套的人，比第一个驾着没有马拉的车到第五大道上的人，引起的轰动要大得多。

他很可能遭到围攻。

他更有可能被当作危险的巫师杀死，因为他想干涉诸神的意志，而诸神在创造世界的那天就规定，人冬天就是要挨冻，夏天就是要受热。

但在那个以打猎为生的世界里，兽皮一定很多，于是这个新发明得以保留下来。你从窗口望出去就能看到这一点。

死动物的皮通常有几个缺点。首先，它们味道很大，因为史前人类除了用太阳暴晒以外，没有别的处理办法。然而，当时人类习惯了日夜生活在变质的残羹剩饭中间，所以这味道对他们来说应该无所谓。但这些皮又容易开裂，且不合身，所以总是漏风，遇到暴风雨或暴风雪就全无用处。于是那些"好奇者"（是他们为人类做出了一切值得称道的贡献）自言自语："到现在还算好，但我们就不能为这些皮肤替代物找出更舒适的替代品吗？"他们开始工作，做出了一些在人类进步史上发挥了重大作用的"同样好的"东西。我指的是我们称为棉、毛、麻、丝的那些物品，它们似乎都来自亚洲。

也许你会抗议说，在这些段落里，"似乎"这个词出现得太频繁了点儿，让人觉得我对自己言论的科学性没什么信心。的确，你想得不差。我就像一个人在黑屋子里玩复杂的拼图游戏。直到五六十年前，我们甚至不知道有史前历史这回事。我们说"亚伯拉罕离开吾珥，文明就开始了"，或者如果我们很大胆，就再朝前推2000年，勇敢地宣布："文明始于埃及人、巴比伦人。"

当然，我们知道中国的历史比西亚、北非的历史悠久得多，在写鸦片战争或八国联军劫掠北京时，我们就会先写个半页进行介绍。

但渐渐有几个人得出结论说，让历史在公元前4000年或公元前2000年的某一天开始，这想法有点荒谬，有点幼稚。他们开始在丹麦的垃圾堆里挖掘，在法国南部、西班牙北部的一些山洞中偶尔点支蜡烛，提防他们在奥地利、德国的土壤中发现的奇怪塑像、破碎头骨再被卖给收破烂的。直到他们拥有了极丰富、有趣的材料，不得不承认我们深深蔑视的冰河时代的祖先，并不像人们以前想的那样是懵懂无知的野人。而被大事吹捧的埃及文明、巴比伦文明，不过是某种形式的文化的延续，那一文化又是别的部落发展起来的，这些部落在金字塔修建之前的数千年就已踪迹全无。

今天，如果我们真像一些渊博的教授宣称的那样，破解了法国南部山洞和附近的神秘刻字，那么，我们可以把有记载的历史朝前推至少1万年。我们应该说人类文明已存在1.5万年，而不是5000年。

但我要再次提醒你，这一整个知识领域基本上还未被探索过。我们对公元前1.5万年欧洲和亚洲的状况，就如对海底一样

鞣革

所知甚少。但任何有理智的人都会觉得，对海底的全盘了解只是时间问题。所称的史前时期也是如此。给我们足够数量的严肃研究者，再有几年的和平（这个世界上有很多隐秘的藏宝室，里面装满了陶罐和陶碟，对它们而言，炸弹、弹壳可不是好事），我们了解上一次冰川期的人们，一定会像了解亚述国王提格拉·帕拉萨的臣民一样多。

***

比如，我们从一些史前绘画得知（我们的一些远祖是杰出的画家），人类以前曾穿过晒干的死动物的皮。但人究竟何时把这粗糙加工的兽皮变成常规的皮革，对此我们没有明确信息。但动用一点常识，再研究一下相关证据，我们很容易解决这个问题。

兽皮是通过一种叫"鞣革"的工艺成为皮革的。字典上说："鞣革是我们将生皮制成皮革的工艺，其做法是把生皮浸泡在含鞣酸的溶液中，或使用矿物盐。"

下一个问题是："在古代，谁最懂得用矿物盐把生皮制成皮革？"答案是："埃及人，他们的宗教信仰要求他们尽可能长期保存死者遗体，因此在邻国人还没想到这种可能性之前，他们早已完善了遗体防腐工艺。"

如果我们到尼罗河谷地去就会发现，实际上，埃及人成为熟练的皮革工人，比古代世界的任何民族都要早好几个世纪。在底比斯国王的墓葬中，最早出现的绘画场景之一就是鞋匠铺（看起来类似现在城市中特别流行的快速修理店）。

然后，鞣革工艺从埃及传到希腊。但希腊人的趣味比较高雅。哲学家们讨论存在问题时，穿着羊毛上衣跟穿皮上衣一样舒服，甚至更舒服。因此皮革业在这里一直发展不大，而是迅速传到罗马。每两个罗马人中就有一个是士兵，他需要结实的皮鞋、头盔带子、铠甲。这些都要用牛羊皮来做，皮子要经过充分处理，以耐受撒哈拉沙漠的酷热和苏格兰的潮湿。

***

同时，也是在埃及，兽皮的另外几种替代品也达到了完善程

种植亚麻的人

度。在尼罗河谷地，正如在底格里斯河、幼发拉底河谷地，人们更需要御热，而不是御寒。于是，从很早时候起，他们就竭力寻找比驴皮或山羊皮凉快些的衣物。他们用了几千年时间试验各种草、树叶，织成各类衣物，终于得出结论，学名叫 Linum usitatissimum 的植物（我们称为"亚麻"）的茎秆最适合用于纺织。

人们常常以为，在电报和现代报纸出现之前，世界上一半的人全然不知另一半在做什么。实际情况正相反。电报和报纸既可传播可靠新闻，也可传播错误信息。1 万年前，多尔多涅（Dordogne）穴居的显贵前天晚上吃了什么晚餐，瑞士住在湖滨的人秋天想穿什么衣服，这些极有趣的信息，不会传到西伯利亚南部地区猎捕猛犸象者的帐篷里。但只要有大事发生，只要出现了能增强人控制自然能力的新发明，似乎中国人、克里特人或大西洋沿岸的人几乎马上就知道了。我并不是说，知道这消息的人都能充分利用它。我们今天也不是那样的。漠视、无知，但更多是对未知事物的恐惧，一直就是合理进步的敌人。但洞穴、墓葬中的证据确凿无疑地表明，发明如果对人人有利，就能以惊人的速度传播。

否则，当亚麻在尼罗河谷地种植时，我们就不会在瑞士湖滨也发现种植亚麻的证据，因为这两地位于适于人类居住的世界的两极。但这种植物最开始是在何时何地种植的，这又属于我们永远无法知道的事。棉花也是如此，我们先是在波斯听说它，若干年后又在两河流域听说它。

***

按照希罗多德的说法，棉花最初产于印度。但这种作物的种植和采摘太复杂，所以没能像亚麻或羊毛那样普及，成为大规模制造兽皮替代品的合适材料。现代人听到这儿会觉得耳熟，但这问题像山一样古老，可以一直追溯到石器时代后半期。

一开始，几乎无须进行"大规模生产"。在冰川期，人们总在移动中。他们的食物和生活条件比不上 1928 年最穷困的贫民窟居民。我们在山洞、河床中发现的大多数人类骸骨，都有患病的迹象，当人们在潮湿场所睡觉时就会生那类令人难受的病，病人40岁之前早早就进了坟墓。

婴儿死亡率似乎跟沙皇俄国一样高，有50%多一点。如果某个冬天特别长或特别冷，整个乡村人口就会大为减少，就像今天因纽特人以及加拿大北部的一些印第安人一样。因此，同时生存的人口一直比较少。但随着尼罗河、幼发拉底河的大粮仓被开发出来，一切都变了。人类终于可以尽情繁衍，一大群人可以住在同一地方。城市开始发展起来。必须为城市居民供应一种既便宜又充足的衣料。

***

答案就是毛纺织品。第一件羊毛衣物无疑应归功于某个农民，他第一个意识到可以驯服罗马人称为"ovis"、我们称为"绵羊"的那种忧郁的动物。第一个牧羊人一定生活在中亚山区某地，因为毛纺业是从突厥斯坦（意为"突厥人的地域"）朝西传播的，经希腊、罗马，一直传到不列颠群岛。在1000多年的时间里，不列颠群岛都是世界最大的羊毛业中心，它以这一出口产品为经济大棒，胁迫所有邻居屈服。

世界其他地方生羊毛的供应都要仰赖英国的支持（在这一发现后很长时间内，甚至美国也是如此）。英国人深知这一点，并充分利用这一垄断地位——任何国家垄断了某种主要消费品，都会用以压制邻国。

蚤

中世纪的歌谣和长篇史诗里，常常充满感情地提到纺线、纺织，但这不应让我们忽视一个事实：身披长毛的无辜羔羊，跟五十个钻石矿或油井一样，曾造成从业人员大量流汗流血。

***

在这一点上，羊毛与另一种起源更卑微的兽皮替代品，有着截然不同的历史。我说的是一种可怜的虫子吐出来的丝，那虫子有一个响亮的学名：蚕（Bombyx mori）。

类似于丝的材料出现在热衷名利场的那一地区，这当然是不可避免的。因为人不仅是懒惰的动物，而且极度虚荣。如果一个人不能展示富丽稀有的衣服，勾起邻居的嫉妒，那钱包里的钱有

织布机

什么用？世人全都穿着亚麻、羊毛制品时，自己也属于毛纺大军就没意思了。不，可怜的富人们压力很大。他们要么找到一种昂贵的新的保暖方式，要么就不穿任何衣服。

　　此时，蚕这种中国昆虫救了他们，因为在古代，丝织品跟同等重量的金子一样昂贵。

　　蚕来自亚洲，它的发源地在遥远的东亚一角。中国人是第一个意识到它对美与文明的杰出贡献的。他们为这一发现深感自豪，声称它来自神。按照传统说法，生活在摩西之前1000年的著名的黄帝之妻——可爱的嫘祖，是最早对这种著名小爬虫进行科学研究的。它们能用小小的腺体分泌出几乎1000码长的丝结茧。时候一到，它们便隐居到自己的茧中。

中国人特别珍惜嫘祖这位尊贵皇后的功绩，决定不让外人知道丝绸的神圣制造方法。在几乎 2000 年的时间里，他们都成功地做到了这一点。后来，日本人派一队朝鲜商人到中华帝国，诱使几个中国女子到了日本，教日本人高贵的丝织工艺。

不久之后，一位中国公主把珍宝般的桑树种子和蚕卵藏在丝绸头饰中，偷偷带出中国，带到了印度。从印度，丝绸开始了西进的胜利之旅。

无处不在的亚历山大大帝，似乎在他闻名的东征中听说了它。同样无处不在的亚里士多德也提到了这种昆虫。几个世纪后，罗马贵妇人，如果丈夫能买得起这时髦的奢侈品，就总是穿丝绸。

在公元 6 世纪之前，丝绸几乎跟今天的白金一样稀有。但公元 6 世纪时，两个波斯僧侣把若干条蚕偷偷藏在竹筒中，穿过了中国哨卡。他们胜利地将这违禁品献给君士坦丁堡的东罗马帝国皇帝，于是该城成了欧洲丝绸贸易的中心。

当十字军劫掠这个圣地时，他们的箱子里塞满了一包包偷来的丝绸。就这样，大约在中国人发现蚕丝后 3000 年，丝绸业进入了西欧。当时丝绸仍是高级奢侈品。如果法国勃艮第公爵女儿的嫁妆中有"一双真丝长袜"，那是足以令他自豪的。甚至 600 年后，像约瑟芬皇后这样愚蠢而虚荣的女人，在丈夫拿破仑出征欧洲时，也因订购大量的丝袜几乎让丈夫破产。

当每个女人都觉得有资格像法国皇后一样穿戴时，情况注定要发生变化。从那时起，整个地球上所有的蚕也不足以供应这个新兴工业民主国家的需求。然后，永远有求必应的化学家被请来

装了电池的大衣

填补这一空缺。他们开始工作，很快带给我们一种人造丝，用的是现代造纸的原料。这种东西很不像样，也不耐久。但在这迅速周转的时代，没几个人为此操心。现在，女人们穿着用木浆造的漂亮衣服招摇过市。

替代我们先祖所披的牛皮的各种材料，就说到这里。这些材料在成本、质地、工艺上差别很大，但奇怪的是，自从第一个人剥下一张马皮披在皮肤上让自己更舒适之后，我们穿衣的基本思路从未变过。

***

但最近，高空飞行员接触到了极冷的温度，于是人们发明了

生命（一）

生命（二）

"飞行服"，借助一小块电池来保持恒温。

如果发明了更小的、可放进口袋的电池，大概会在 50 年内引起服装业的革命。然后，我们不用再彼此借外套穿，而是可以到朋友家借地儿给电池充电，这期间我们则可以在他的电炉前抽上一支烟。

今天，这听起来有点荒唐。但我还不算老。我年轻时，如果有人说在公元 1928 年，人人都会开着私人小汽车到处跑，大家就会哄堂大笑。所以，为什么不可以设想一个不需要外套的时代呢？那样我们就不用再穿一层牛皮或浣熊皮，减去一层负担，还能摆脱衣帽间强盗令人无法忍受的滋扰。

美好的愿望。

希望它不久能变成现实！

＊＊＊

还有一个发明，也跟人想增强皮肤的抵抗力有关，其性质却很不同。

我们固然可以轻易地说，它也是源于人力图保护身体、抗寒御热。但这不完全正确。皮肤的这种奇怪替代品，我们称为房子。在造房子时，别的因素也掺杂进来。其中主要的一点就是，同其他动物相比，所有哺乳动物照料孩子的时间更长。为此，它们需要一个安全所在，全家人能在一起待两三个月，儿女可以学习父母生存的基本技能，直到成长得足够大、足够强壮，能够自立门户。

冰屋

***

　　起初人类在树洞中或由水冲出的洞中安身。海洋退却，河流退入狭窄的河床，河床的高度比从前低了三四十英尺。这时洞穴就空出来，可供人类居住。

　　但这些原始的家令人不敢恭维。它们里面还住有几百万只蝙蝠，因为这些黑暗洞穴几乎不见阳光。更糟糕的是，剑齿虎、大熊等现已灭绝的物种，当时也自认为是极有资格的房客。我们发现，这些洞中厚厚的尘土深处，人类骸骨与动物骨骼混杂一处，述说着可怕的故事。这种地方，今天我们甚至不会让猪住进去，但当年为了争夺它，还曾发生过恶斗。

　　所以洞穴没有流行多久。其中几个被留作拜神之所，但一旦有人发现如何建造洞穴的替代物，或用现代话说，一旦他盖了

用叶子盖的房子

"房子"，绝大多数洞穴就被摈弃了。

＊＊＊

在后来寻找抗寒御热办法的过程中，人类发明了些极为奇怪的玩意儿。放眼世界，在有的地方，人们用冰块盖房子；在有的地方，人们用树枝编搭成房子，上面盖上草和叶子。

最原始的房子是单坡屋。它保留至今，是猎人夜晚时应急的临时栖身地，也是南美洲和澳大利亚某些文明程度不太高的土著人的仅有住所。

之后是用烤（晒）干的泥巴建造的房子，上面盖着稻草。然后是粗糙木结构的房子，它发展成了所称的干栏建筑，出现在世界很多地方，在某些有大量河流、湖泊的热带地区至今广为应用。

人们曾以为，修这些踩着高跷的房子主要是为了安全，但还有一个考虑是让人们走入水中。开始追求体面，实际上就是文明的萌芽。其最早出现的迹象之一，就是人类希望自己身体清洁，衣服和周围环境也干净。我们美国人坚持要有浴室、下水道，因此被欧洲人笑话。我们有时也许做过了头。雅典不是一个破烂不堪的城市，尽管街上的猪也是垃圾清理员。中世纪的巴黎为知识和艺术做出了重大贡献，却没在卫生上浪费太多时间或金钱。但在同等条件下，如果一个地方因后院整洁而引以为傲，而另一个地方，一家人欣然与粪肥生活在同一个屋檐下，那还是住在前者处更舒服些。

2万年前，人们似乎就跟今天一样知道这一点。那些比别人更讲究的人，开始在离岸50英尺或100英尺远的地方盖房子。头上的屋顶保护住在里面的人不受日晒雨淋，下面的水是丢弃垃圾的场所，小鱼则扮演白衣清洁工的角色，堪称理想组合。

这同以前相比是重大改进。然而为了更安全，人们仍不得不共居一处。但随着生存问题变得没那么紧迫，人们又走出了第二步，发现了隐私的魅力和精神优越。

隐私是人类最大的财富之一，不幸的是它代价高昂。它是只有富人才能享用的奢侈品。一旦某家族或某民族达到了一定程度的富足，就会马上鼓噪起来，要求兑现"不被打扰"这一神圣权利。单栋房子就是这样盖起来的。

***

在这样的富足时期，人们不会想到共用一个家，正如我们不会想到共用外套或牙刷一样。偶尔地，如古罗马的情况，每当一个太小地方聚集了太多奴隶，公共住宅就不可避免地出现了。穷苦的农夫来到大城市，希望这里的处境能比饱受战乱的乡下好一点儿。罗马人觉得让这些农夫住在黑暗的土屋就够不错的了。但拥挤在土屋中的农夫从来不喜欢这些憋闷的简陋房子，也从未在贫民窟扎根。一旦有机会，他们就回到"独门独户"的生活中。

中世纪时，欧洲的某些地区特别尊重人的住宅。"我的家就是我的城堡"并非空言，而是作为政治主张被写入不止一个大宪章中。

但在我们所处的当代，位置方便的煤矿口附近或有利可图的港口沿岸，建起了庞大的工场，迫使人们回到那古老的居住方式（它本属于穴居人，后因配不上体面人而被放弃）。结果，西方大城市成了人造皮肤的庞大堆积物，这些"人造皮肤"一层摞一层，全不顾及个人的神圣隐私权，每个公民的独处面积跟沙丁鱼一样大。

幸好世界正在发生巨变。各处的人们都在公开反抗着人类蚁山这一堕落环境。大多数家庭还太穷，只能在石头或木头建造的五层楼里有一两个房间，必须跟几百个垂直方向的邻居分享睡觉和吃饭场所。但那些有条件的人则发展出了一种新居住方式，大

现代城市

夏屋

冬屋

中央供暖

大优于其祖先，堪与某些鸟类媲美。他们迁徙。他们有两种住所。一种位于亚热带地区，可以过冬，免受凛冽的北风。另一种在北方森林中，夏天的月份里，当酷热把高楼林立的城市街道变得如同地狱街道时，他们可以到那里避暑。

希望有朝一日，几乎人人都能随季节而来回迁徙。现在这似乎只是梦想。但在美国，已有越来越多的人正在将此梦想变成现实。

1 万年后，我们的后人也许会觉得，至少单纯从居住问题上看，20 世纪的人仍是湖居者、穴居者的同时代人。纽约和芝加哥的废墟会让他们认定，那些石头、钢铁的垃圾堆，大概是在石器时代后半期修建的。

找到抵御风霜雨雪之处，这是一回事，但让住所暖和就不太容易了。

***

因此，发明住宅之后，紧跟着就是发明火来取暖。露天火是最早的取暖形式，一直沿用至今，但现在主要起装饰作用，因为它们现在跟古代一样不舒服（古人每日还要在火上烤猛犸象排骨），会烧到脚趾，且后背冷得仿佛根本没有烤火一样。

一些早期斯堪的纳维亚部落的简陋炉子说明，即便在当时，人们也已经在寻找比一根木头更实用的取火手段。

不幸的是，古代发明者中最聪明的埃及人、巴比伦人，住在气候特别舒适的环境中，用不着炉子。但希腊人，像所有通情达

明火取暖

理的人士一样，明白住得不舒服就不会有崇高的思想，于是用心设计更令人满意的取暖方式。他们想到可以用热空气来使房子这一皮肤的延伸保持恒温。

***

在基督诞生前 1000 年，克里特岛上的米诺斯王朝统治着地中海东部地区，其都城克诺索斯的宫殿中就有暖气。至于罗马人，他们跟所有真正的地中海人一样怕冷。他们在设计房子格局时，让所有地面和墙壁都由房子外一个炉子加热。几个奴隶把炉子烧得旺旺的。他们是锅炉工，确保稳定均衡的热空气在整个宅子流通。

在公元3世纪、4世纪、5世纪，欧洲受到来自亚洲腹地的野蛮人的全面蹂躏。他们深为鄙视他们所称的"软弱"（然而就是这种"软弱"把他们拒于罗马城墙外600多年），希腊和罗马意义上的"舒适"于是从地球表面消失。古罗马的房子大多被毁。神庙变成了牛马厩，罗马贵族以前的夏季别墅被用车拉去修筑防御工事，古老的剧场变成了小村庄。元老们别墅中的暖气系统则化为乌有。

＊＊＊

随着法律和秩序的恢复，人们再次住进自己的房子。但在1000多年里，他们要么干脆挨着冻，要么用炭盆给房间取暖。这种取暖方式只让人觉得更冷，迫使人们上床睡觉时都得戴着帽子、穿着外套。

在15世纪、16世纪，情况基本没有改观。太阳王路易十四的荣耀人生读起来很华丽。尽管这位优秀的国王被认为是他那个时代最富有、最强大的人，却生活在无法取暖的宫殿里。他餐桌上炖好的水果会结冰。他的大臣们下定决心去洗澡时（这种时候很少），得用破冰锥子来对付水罐。意识到这些，我们对他就没那么艳羡了。

炭盆

***

　　最后，为了改进炭盆取暖，有人回到了明火这种在冰河时期就已过时的取暖方式，但这次的明火连着一根烟囱。烟囱是一种特殊通道，可以把炉子冒的烟通过屋顶传到户外。

　　一开始，烟囱只是墙上的一个洞。16世纪初，经过300年的试验和失败后，我们终于听说了类似今天所见的普通烟囱。它能产生足够的气流来应付各种火势。

　　即便在当时，这种取暖方式也远不能令人满意。此后十代人的时间中，穷人、富人仍继续在房间里咳嗽、挨冻，而今天用一

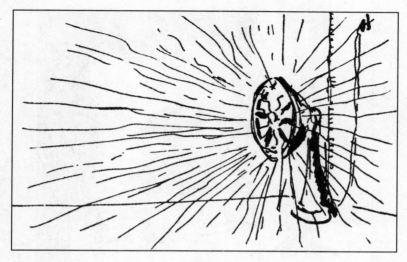

电炉

两片中等大小的暖气片就能让这些房间变得很舒服。

终于，19 世纪最后二十多年，我们又回到了罗马人的做法，再次学到如何用蒸汽、热气给房子取暖。

现在借助锅炉来保护我们的"辅助皮肤"的做法能持续多久，我不知道，但也许不会持续很多年。

***

用电给房间取暖的现代化方式，比现在正用的暖气系统简便得多，因为不需要在地下室中有比较复杂的热气设备，也不需要一大群看守人和卡车司机。

取火的神圣技术

目前只是成本问题。一旦我们发现了大规模低成本的供电方式，我们就用不着煤工、锅炉工，也用不着呼呼叫的燃油加热器、难闻的煤油炉和危险的煤气炉了。那之后，只要打开开关，我们住的房屋、教堂、公共建筑就可以冬夏温度适宜。

***

但在结束本章之前，我必须简述另一种发明，它与取暖密切相关。我说的是取火这一神圣的技术。

人类最早用来取暖的火，无疑是从被雷电击中的树上偷来

从燧石到点烟机

的。但森林大火不会长久持续，也很少在严冬出现，而寒冬腊月时人却最需要取暖。

然后，某个聪明的天才发现摩擦可以生热（光荣属于他！他也许是个祭司，保管着整群人赖以生存的圣火）。这必定是很久以前发生的事，因为当人类终于出现在历史舞台上时，他已能把一根棍子放在另一块木头的窄槽中迅速旋转以取火。

***

不久以后，人们开始制造石器。他们注意到，两块石头猛烈撞击会发出火花，很容易用一束干苔藓取下火种，然后就能燃起一小堆火。

这套由一块火石、一片金属组成的简陋工具，用了很长时间。它被派上各种用场，让我们有了燧发枪，最后有了火柴。

我们的祖先点烟斗的火绒盒很复杂。如果有人急着点火，它一点儿也不方便。必须发明一件更实用的工具。在新旧大陆的每个城镇，人们都在鼓捣着能取代笨重火绒盒的化学物质。

＊＊＊

17世纪下半叶，第一批"安全火柴"真的给发明出来了。它们是小块小块的磷，在一块石头的击打下，点燃浸过硫黄的木片，然后引火点燃炉子。但这种火柴味道很大，相当危险，一直未能流行。

1827年，英国药剂师约翰·沃克发明了"摩擦火柴"，点火时不至于把房子点着。他称自己的发明为"康格里夫"，以纪念威廉·康格里夫爵士（他在拿破仑战争期间作为"战争火箭"之父而闻名，是烟火领域的先驱）。

20年后，瑞典小城延雪平的伦德斯托姆想出了缩小摩擦火柴尺寸的办法，最终它们成了"口袋火柴"，即我们都很熟悉的黄头小红棍儿。（后改黄磷为红磷，出现更安全的红头、黑头小棍儿。——编注）

当然，保守派竭力抵制这项革新。他们提出的一个奇特理由是，火柴会有利于飞贼的活动。但最终火柴取胜了，一直到第一次世界大战。"一战"时，老掉牙的火绒和燧石以新的简便组合再次复兴，以方便我们抽烟的英雄们。

鼎鼎大名的进步车轮转了奇异的一圈。

这也是对我们久被遗忘的祖先的间接赞美吧。

第三章　驯服自然的手

　　人的手实际上就是普通的前爪（很多四足动物都有前爪），它发展出所谓"可与四指相对的"大拇指。拥有这种抓取工具的动物能做的一些事情，其他没有类似"易抓取末端"的动物只能依靠爪子、喙、牙齿来完成。

　　如果这句学识渊深的话还没太让你明白我想说什么，下次看看你的猫或狗如何折腾一块骨头吧。它似乎觉得前爪可以派上点儿用场。它用嘴、鼻子把自己想移动之物弄到花园的另一角，然后你会注意到它是如何无助地也想用前爪来帮忙。

　　但是，哎！它没有大拇指。

　　猫和狗在用牙齿咬骨头时，能用前爪按住骨头。它们之后也能用前爪挖洞，把自己的宝贝藏起来。但它们只会几个笨拙动作，因为虽然它们有"大拇指"，却并非与其他四指"相对"。因此它们不能抓物或握物，而只能进行与满足食欲这件事有关的几个简单操作。

因此，手是人类拥有的最重要的天然工具。通过对手的能力进行几百万倍的增加、扩展，人这才成了世界无可争议的主人。

但在此我们又遇到了一个难题——本书充满了这类难题，人类究竟如何、何时、为何意识到了自己前爪的潜力，而他的表亲猿（它当然也有自己的聪明）从未学会强化其可抓物的四肢的活动范围？

***

就拿借助一块石头来增强手的打击力来说。你会说："这主意太简单了，简直不言而喻。"但世界上没有什么事情是如此简单以至于不言而喻的。总需有个人先想到，先试试，用它做试验，直到面色青灰，累得半死，或不得不屈服于邻居的冷笑。

千百年来，人只是徒手抓取活物，徒手握住猎物，徒手撕碎小动物或小鸟，从未想过别的法子。

直到终于有一个人勇敢地说："这可以做得更好，更简单。"他用一根棍子或一块石头强化了手的打击力，于是我们有了第一把锤子。

我们的所知到此为止。至于那第一把锤子是木头的还是花岗岩的，我们不知道，也永远不会知道，因为木头容易腐烂，而石头则会永存，得 20 吨重的卡车或烈性炸弹才能将之粉碎。

因此，只有石头留了下来，证明着人类真正的先驱是有耐心与才智的人。木头则已消失无踪，带走了它们的故事。

棍子和石头

　　当然，外行人拜访史前历史博物馆会觉得不过如此。各种史前人类的工具陈列在他面前，他看得有点眼晕。在他看来，它们跟他小儿子常从路边捡回来的鹅卵石差不多。

　　但对专家来说，这些早期的锤子、斧子、锯子，其重要性、有趣程度，不亚于从最早的单缸小破车陈列到最新的劳斯莱斯的一场车展。因为与现代内燃机过去的模型一样，它们也同样体现着一大批人的辛苦劳作。

　　当人第一次发现可以用石头增强手的力量后，什么石头都可以用了。也就是说，凡是能用五指紧紧抓住的小石头都能派上用场，太小的则无法用于砸碎坚果、头骨、骨头，而骨头中有远古时期的一大美味——骨髓。

***

人类逐渐发现，把石头侧面削去并磨平一点儿后，这锤子就既能砸东西，又能切割。他开始寻找能切割东西而不将其弄碎的合适石头。终于它们被找到了。然后有人发现，把锤子的侧面跟其他更硬的石头摩擦，边沿可以被打磨光滑，于是锤子变成了刀。

几百年后人们又发现，把死去动物的干皮撕成小条可以绑东西。有人就用它把自己的石刀绑在木头柄上，于是有了战斧。它比最初的"拳头—锤子"有效得多，是更有杀伤力的战争武器。

***

至于边沿比较锋利的那些小块石头，它们成了现代刀具、锯子的直系祖先。锯子是一种设计极为精巧的工具，可增强徒手的切割力量。它最终摒弃了长方形，成了圆盘形，发展为吱吱叫的圆锯，切木头就跟切黄油一般，切钢铁如同切纸张一般不在话下。锤子无疑很有用，但如果没有锯子这种"强化手"，我们整个现代工业的进步都是不可能的。

***

至于石刀的另一小支后裔——我们的剪刀，则是很晚近才有的，因为它看似简单，实际相当复杂。

埃及木乃伊制造者的工具箱很齐全，似乎完全不用剪刀。后

石头有了形状

石头开始能切割

断头台

来，希腊人和罗马人发明了一种大剪刀，修剪花园篱笆，最后又剪羊毛，而此前羊毛一直是直接从这些可怜动物的身上拔下来的。这些罗马大剪刀后来发展成了我们现代所用的剪刀。它实际上是两把刀，以圆圈作为柄，由一个小支点连在一起。下一次你用手撕硬纸板需要剪刀帮忙时，可以看一看。

到现在为止，一切还好。但人类运用才智强化自身器官力量的历史，也不全是进步史。

***

统治这个世界的诸神，无疑给了我们明辨善恶的能力。但他们决定让我们自己做选择，于是赋予我们祖辈称之为"自由意志"的恼人的精神品质，我们的祖先比我们对神学问题更感兴趣。就是这可怕的"自由意志"，让我们把发明能力既用于为善，也常常用于作恶。普通人都是奇怪的矛盾组合，既会绞尽脑汁作诗，也会绞尽脑汁造炸弹。

刀子本是用于满足最原始的需要，即人要在千万种敌对力量中存活下来，后来却直接变成了无谓的暴力工具。人们手持马刀、刺刀、矛尖、箭头、弯刀、匕首、长剑、双刃大砍刀、半月刀，打遍天下无敌手，杀啊，砍啊，斫啊，只因为拥有别人也想要的东西，或持有别人碰巧不赞同的某些想法。

这一切都太令人遗憾了。但要记住，人类发明的东西都是没有灵魂的，就跟乘法表上的乘法符号一样。这些小叉叉不在意自己乘的是什么。它们会把 100000 乘上 10000，也会把 –100000 乘上 –10000。它们只管把别的东西乘起来，然后就不动也不管了。给它们什么，它们就把什么相乘，不论结果是成是毁。

人们很容易把进步说成是理所当然的，一切总是从坏到好，从低到高，从穷到富。我当然希望实际情况也如此。但进步之路实际却陡峭而曲折，会绕奇怪的弯儿。与开辟这条古老道路密切相关的"强化手"，不仅让我们有了医生用来救人的剪刀，也让我们有了好人吉勒坦先生发明的可怕的断头台——它能迅速而低成本地令同胞丧命。

***

本章这样写下去给人感觉像一篇论文了。对不起。但现在突

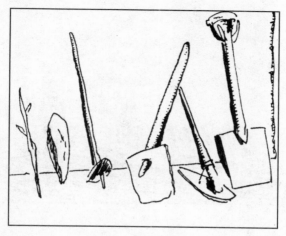

从手指到锄头

然有这么多机械进步潮水般涌来；让很多人有了危险的舒适感，对人类未来感到安心，这时，最好还是记住这些阴暗面。如果一切顺利，我们最终会大有成就。但同时不要忘记这一事实：一般国家每在学校上花一块钱，就会在战舰上花一百块钱。我把这颗有益的疑虑的芥菜籽种到你心里，然后再说跟人手有关的另一发明——锄头这种农具。

发明锄头的也许是个女人。在有记载可循的最早的农业社会，男子不会屈尊去地里干活。他把农活留给妻子、女儿和驴子。我确信，天气晴好的某一天，某个衣衫褴褛的可怜女性，厌倦了用手指碎土时弄破指甲，于是拿起一根棍子或一块石头，让它替自己的手指干活。

蒸汽犁

　　随着人类学会了使用青铜、铁、铜、钢，就自然开始用这些金属来加固木棒的尖端，因为木头的很容易碎。然后人类逐渐让这些金属变宽、变平，最终得到了锄头的雏形。

　　在看似风景如画、赏心悦目实际却令人心碎和腰酸背痛的农业领域，这些最早的农人吃了多少苦，只有见过埃及、俄国或北非农民用手拉犁种地景象的人才能明白。阿拉伯犁（无非是稍微强化了一点儿的锄头）在博物馆里看起来很有意思。但现代用蒸汽带动的绳索牵引犁能同时做 1000 只手的工作，它在现代人看来更悦目——现代人宁肯放弃某种程度的浪漫，只要不用再眼看着自己的同类被迫像牲口一样干活。

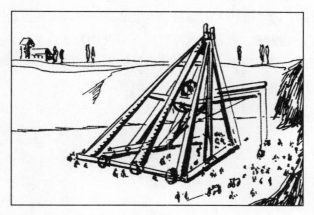

挖掘机

挖泥机

也许，说"现代人的眼睛"不太准确。说"人的眼睛"更准确，因为更聪明、更有"人性"的人一直认为不必要的劳作是令人讨厌的。纵观历史，我们听说的一些发明，都是为了部分减轻劳作者的负担。而通常的情况是，劳作者在几百年的压迫下已经变得怯懦，会抗拒这些发明，好比笼中鸟会抗拒想放它们出来的人。因此，一些技术改良虽然有可能取代没完没了的愚蠢劳作，却一直只是被遗忘的科学天才桌屉里的草图。

***

意大利芬奇村伟大的列奥纳多·达·芬奇就是一个例子。列奥纳多总在琢磨这类东西。他设计的用于在波河谷地挖掘运河的机械"多能手"，从未被付诸实践。它无疑会让有些人失业，却会让成千上万其他人的生活舒适得多。但即便那些潜在受益者也不这么看这个问题，列奥纳多只好又失败了一回。他要是在低地国家推广他的机械"多能手"，也许会更成功，因为那里的商人开始叫嚷着需要能在水下工作的手，并开始试验挖泥机。但列奥纳多生活在意大利，在那里挖泥从不是大问题。古代船只吃水特别浅，几乎到处都能停泊。但在中世纪后半叶，尤其是在北海沿岸，河流和潮水毁坏了港口，必须想办法把河底和海湾底部的多余沙子挖出来。荷兰和英国的工程师改进了意大利同行发明的陆上挖泥机，给浮在水上的平底拖船装上能在水下挖掘的"锄头"。现在，如果这些挖浚港口底部（有时深达 60 英尺）的"铁手指"罢工一星期，90% 的国际贸易就要立即陷于瘫痪。

潜水员在工作

　　挖泥机只能在水下干一种活儿。外贸却很快变得越来越重要，于是人们有必要想一种办法，把整个木匠铺、铁匠铺都搬到河床上去。但木匠铺和铁匠铺的成功运转，靠的是木匠和铁匠。木匠和铁匠要想干活，就需要一直有新鲜空气。

　　擅长游泳的人，当然可以潜水去捞几个牡蛎，在水下待 60 秒到 80 秒。在围困特洛伊城时，希腊人就这样做过。但如果人还得修补船上的破洞，或者把暴风雨中掉入水中的重重一箱金子抬出水来，这种短暂的潜水就毫无用处了。必须给为手服务的肺提供一个工具，为它不间断地供应新鲜空气。

＊＊＊

　　这方面的最初成果是用一根铜管让潜水员的嘴与水面相连。

杠杆

但这种方法仅适用于浅水。逐渐地，铜管被摈弃了，换成了皮管，管子口借助猪的膀胱浮在水面上。2000 多年的时间里，这根皮管是人们能用的唯一潜水工具。17 世纪末，一个意大利人想出了好主意，借助两个普通风箱把空气吹入皮管中。最初的试验成功了。自那以后，"水下手"（潜水工具）稳步改进，到今天我们已能在180 多英尺深的水下修理船只或寻找海绵。这已经是很深的了，曾试图从水池底捞起一块石头的人都会明白这一点。

***

但我有点走在我的时间表前面了。也许我最好还是先告诉你人类发明的其他一些原始工具。它们是在几万年前发明的，对后来人类历史的发展产生了巨大影响。

绳子

　　比如杠杆。杠杆是一种像山一样古老的简单工具。它的发明
比人手发明的其他一切，都更大地改变了我们环境的面貌。实际
上它极为简单。但如果没有它，金字塔、史前石墓，或用大石块、
花岗岩建成的一切史前神庙、坟墓等，都造不出来。因为杠杆能
使手和胳膊的合力无限翻倍。后经改造的现代杠杆，能抬起火车
头、房子等一切物体，几块钱的成本，往往能干1000只手的活。

　　绳子的发明跟杠杆的发明密切相关。人们发现，人能拖动的
东西，远比手能拿动的重得多，为此只需一只变长的手，即我们
今天说的"绳子"。

＊＊＊

　　第一根绳子是麻绳还是皮绳，我不知道。棉花和麻是较晚

吃力地拉石头

才引入尼罗河谷地和两河流域的，皮绳一定更古老。但即便借助纤维搓成的绳子，对上百个干活的奴隶来说，把重物拉到脚手架上仍很吃力。经过多年试验（我们在他们的绘画上可以看到这些试验），巴比伦人终于发明了方便人的手施力的滑轮（也叫绞辘）。有了滑轮，一两个人能干以前100个人干的活，拉重物的辛苦大大减轻。

***

希腊人的大多数建筑，似乎都是借助简单的杠杆、绳子、斜面建成的。古代世界的建筑师——罗马人则热衷于修建道路、堡垒、桥梁、港口、引水桥。他们大大改进了滑轮，让它有了现在

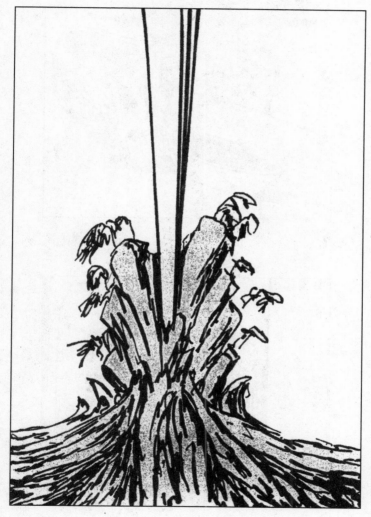

毁灭

第一个杯子

升降谷仓

的形式。他们甚至写书，记录制造滑轮的最佳办法，给中世纪人留下了意外的宝贵遗产。如果没有各种各样的滑轮，15世纪的大帆船就无法航行。如果没有这些帆船，欧洲国家就注定永远困在自己小小的陆地上。

＊＊＊

现在我们要说人手的另一本领，它的强化形式在现代社会中扮演了重要角色。

除了握、举、拉、击打之外，人的手还能做很多事。它也是容器，如果你曾拿手当杯子从河里捧水喝，就会明白这一点。在必要时，两个手掌合在一起，甚至能捧很多坚果或浆果。手这样捧着当然只能维持很短时间，过了几分钟手就累了，坚决要求回到体侧的正常位置。

跟今人一样，5万年前的人也知道这一点。他们到处寻找更耐久的容器以存放谷物，如果可能的话也存放水。他们在死去敌人的头骨顶部找到了这一容器。头骨的这一部分很像两只手捧在一起，而且因为将死者进行埋葬的想法当时并不存在，所以这种东西到处都是。于是狰狞的头骨成了菜盘子，但过穴居生活的人类不在乎这类小事。人类头骨变得极受欢迎，甚至融入北方人的宗教中。他们总是用对手的头骨做杯子供奉神。信徒们得到承诺：如果他们战死疆场，也会享受如此的殊荣。

从头骨很容易直接想到有升降机设备的谷仓，因为二者都只是捧在一起的手的替代品。但在人开始修建仓库、水箱、储藏

篮子

室之前，手这种容器经历了很多中间发展阶段，其中一些特别有趣。

***

　　如果我们没说错的话，篮子是第一个取代头骨（或取代手，看完此书你会这样说）的人造工具。编篮子是最古老的技术之一。石器时代的人们喜欢住在河湖边，河湖的附近生长着大量柳树，灯芯草更是比比皆是。在原始社会，篮子所代表的地位很高。整齐交织在一起的小树枝、芦苇组成的图案，一直流传到中世纪。雕凿大教堂柱子的石匠最喜欢以此为模型。

　　木头制造的一切当然都会腐烂，关于史前编篮子的大师，我们只有间接的证据。他在早期社会中似乎被看成要人。当他学会

糊了泥的篮子

在篮子外面裹一层皮革或黏土，人们对他就更为尊敬，因为他给人们带来了一些有用的发明。

其中一个是船。船有篮子一般的骨架，外面裹着兽皮。另一个是手持的轻盾牌，战争年代士兵在各处游荡，盾牌变得极为流行。

有了覆盖黏土这项工艺，人们开始建以柳条为框架、外覆一层湿泥土的房子。几年前，这一工艺复兴了，建筑师们开始用钢筋混凝土盖房子。从人类文明的角度来看，编篮子技术最有趣、最有用的进展，发生于这样的时刻：一个制造容器的人造出了改良版的不漏水的碗，外面是一层柳编，里面覆着一层厚厚的黏土。

这个新工艺远不算完美，很长时间里黏土都又软又黏。但无

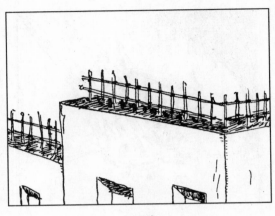

泥巴墙

论如何它大大优于以前市场上出现的人造容器，于是很畅销。

***

下一步，篮子变成陶罐，这大概是一种偶然。但在发明史上，偶然事件总是扮演着重要角色，真应该在科技名人堂中为它们也立上雕像。也许一个篮子不小心掉入火中，或是一个山洞被烧光，或是一群劫掠者把整个村子烧为灰烬，总之，当火熄灭后，人们清理垃圾时看到，表面那层起保护作用的树枝和灯芯草被烧掉了，黏土做成的里子则不但完好无损，还变成了像石头那样硬的物质。

这就是制陶业的开始。

渐渐地，除了装橄榄、瓜、土豆、谷物等固体物外，篮子被

陶轮

彻底抛弃了。一片片烧过的陶土，基本形状类似捧起的双手，取代了用草或树枝编的老式容器。

一开始，用于制作容器的黏土是从河床取来的，用手指大致揉成中空的形状。这种方法缓慢且不令人满意，但别无他法。后来，一个埃及人发明了陶轮。开始时，陶工用左手转动轮子，右手加工材料，再后来陶轮的位置越来越低，一直低到地面，成了可以用脚转动的圆盘。同时，烤制最后成品的工艺也有了长足进步。

中国人似乎是最先想到用窑进行烧制的。窑是一种炉子，四面都可封闭，用木火均匀烧制窑内之物。这一新方法经由巴比伦人传至西方（4000年前巴比伦是亚欧间的中介）。希腊人和罗马人都成了制陶专家，并在陶瓷业中创造了新奇迹。他们引入了一种完善的上釉技术，使花瓶，甚至普通的家用罐子、锅，都有了美丽、光滑、闪亮的表面。埃及人从腓尼基人那里学来这种技术并推广使用。

我这是第一次有机会提到腓尼基人。他们是古代世界的中间商，是地中海上的公共营运商。他们什么也不造，但什么都卖。他们对文学和艺术没有兴趣，对古典世界赠给我们的技术进步也贡献甚少。这些直言不讳的物质主义者从奴隶贸易中发了大财。不论在哪儿露面，他们都因杀价不留情而招人痛恨。但奇怪的是，他们却做出了我们有记载的两个重要发明。

一个是玻璃，与液体的保存有关。另一个是字母表，与思想的保存有关。

***

即便在今天，关于是谁最先造出了玻璃仍众说纷纭。罗马人和希腊人说是一个腓尼基商人在叙利亚沙漠中行走，做饭时极偶然地把锅放在了几块天然碳酸钠矿石上。早晨，他注意到，沙漠的沙子和碳酸钠矿石熔融成了小块的透明物质，几乎可以与念珠和珍珠相媲美。

腓尼基和埃及是近邻，现在火车不需十个小时就能把两国轻松连在一起。很快，埃及孟菲斯、底比斯的珠宝商人就在向顾客出售玻璃项链了。他们接触这种新材料一段时间后发现，把它放在中火上加热，能将其加工成各种形状。有一两幅极为古老的埃及图画似乎证明，埃及人已学会了使用吹火筒来制造瓶子罐

发明了玻璃

子。但这些画存在疑点，很难说画的是玻璃匠还是别的行当的工匠。

罗马人是吹玻璃高手。罗马帝国时期，玻璃成了陶器的劲敌，二者都能解放人的双手。用树枝和黏土制造的各种形状、各种类别的容器，现在都可以用玻璃吹出来。

手变得更有力量，但也变得更脆弱了。

我刚才说过，偶然事件在发明史上扮演了重要角色。但自认为高人一等的势利行为也值得提上一笔，它刺激人造出越来越好的日用品。

一开始，对罗马的上等家庭来说，普通陶器就足够不错了。但当罗马市场上充斥着不列颠、莱茵河谷地的窑炉出产的廉价陶

餐桌

器时，贵族们觉得不能再让自家桌上摆满每个平民家里都有的杯杯盘盘。他们愿高价购买少见的玻璃瓶、罐、酒杯。一旦社会某些成员愿意花大价钱购买一些特殊的奢侈品，那么总会催生一批工匠，他们不仅乐于满足这一需求，而且有能力满足。

　　罗马人不擅长绘画，写作、雕刻也很一般，但他们是生活大师。比如，他们首先意识到，吃饭应该是隆重的事情，而不是拼力去抢着吃最肥美的羊肉、最油腻的髓骨。他们没有发明叉子（这能替代人类手指的极有用工具很晚才出现），但他们告诉世人如何把餐桌摆得体面、优雅。这是朝正确方向迈出了第一步，把原本不雅的进食过程变成了愉快的餐饮习俗。

　　人工容器发明出来后，很多事就可以做了，而以前一切都要人空手为之时，这些都是不可能的。

灌溉田地

　　比如，高于河面、湖面的大片土地，现在借助杠杆、水桶、绳子等简单的灌溉装置，就能变得肥沃起来，结果可以比从前养活更多人口。在几百年内，几个国家的人口增加了两三倍。

***

　　另一方面，起传送作用的"手"，也对人类总体幸福做出了巨大贡献。我指的是引水桥和供水系统。古人不太擅长医学。他们的医生对生理学只略知一二，全然不知今天小学里教的很多知识。但他们意识到，只要一大群人住在一起，就绝对需要有干净的饮用水。

　　大小河流但凡无人干扰，有机会晒到阳光，就可以自行清理所有可恨的微生物。但当城镇越来越大，贫民窟里住的穷人越来

引水桥

越多时，附近的河流很快就变成肥沃的污水坑，充满着无数忙碌的小微生物。人们当然可以用手、杯子或水桶把水从附近的山里取来，但这相当慢，效率不高。于是手这种容器逐渐发展成了引水桥。

谁若见过古人修建的供水系统，见过遍布着喷泉、井口的城市遗址，就会意识到，最先想到用这办法为数百万人供水的工程师，是真正造福于人类的人。

***

现在我们告别作为容器的手，来说说能抓能握的手。

***

就这方面而言，呈现给我们的首先是锁。因为人一旦自己盖了房子，就会在各个房间里装满大量生活用品。这些东西或者会增进他的幸福，或者会让他的邻居们羡慕他的财富，令他沾沾自喜。

为了保护这些财富不被敌人和朋友们瞧见，不得不紧关上进入他领地的大门，防止别人进来，而他自己想进去时又不至于被关在外面。这听起来容易做起来难。普通的门闩当然可以，但闩上门后人也得被迫跟他的东西一起锁在房里。于是有人发现了一个新办法，如果有合适的铁针，就能从外面打开门闩。

后来，门闩、铁针的组合发展成为现代的门锁。门锁要可靠得多，但从基本特点来说，它与我们在公元前 13 世纪的埃及绘画中看到的门闩差别不大。

这些用于紧闭的工具，不论叫什么，实际都是人手的替代品。

***

甚至那些壮丽的城堡（在中世纪，它们控制着从一国到另一国的山口），那些保卫边疆抵御外敌入侵的坚固堡垒，都不过是上了闩的大门，或者用本书的术语说，是高级化了的、强化了 n 倍的手，能在宏大规模上做我们前门上的锁在小规模上做的事。

门锁

城堡

这把我带到了需要细说的另一点。

***

我前面说过，手是没有灵魂、没有良心、没有情感的。它既可以给人祝福，也可以拔出短剑。既然世界之道就是每一生物必须毁灭另一生物才能活下去（不论那受害者是雏菊还是牛），我们就不能责备人大大扩展手的力量，以获取更稳定、更充足的食物供应。

人首先用石头取代了拳头。

然后他把石头磨尖。

接着他将石头变成斧子、刀、鱼叉。

***

尤其在漫长的寒冷季节，人不得不日夜为果腹而奋斗。在鱼叉的帮助下，他取得了一些引人注目的成就。但这些都无法满足他的胃口。然后他发现，手如果能变成大勺子去捞鱼，会比用矛戳到的鱼多得多。于是，渔网出现了，它像巨大的挖泥机一样深入水下，一下能捞起1000条鱼。

既然提到了渔船，我要说，渔船也许并不是那么令人愉快的装置。但你又能如何呢？它们是必要的。人必须活下去，所以鱼必须得死。很遗憾，它们只能缓慢窒息而死，但幸好它们对此也没有太多抱怨，因为大自然没有给它们声带。自古以来，人类就习惯了看见别的生物被扼杀。他们发现，这也是消灭敌人以及卖

史前的渔夫

不掉的战俘的最简易的方法。

***

　　是谁改进了手的扼杀功能，发展出现代极为实用的绞刑架，我们不得而知。埃及人性情温顺，热爱和平，普遍太穷还不至于太不诚实，总的来说也吃得不错，不会太嫉妒邻人的财产，所以他们没有受过这种惩罚。希腊人很善战，但作为刽子手却不太合格。他们富于艺术感，喜欢让罪犯们在一间舒适的屋子里喝下一种特殊的毒酒，直到最后还能跟朋友谈话，然后舒服、体面地死去。但罗马人很看重"体系"，发现绞刑是除掉社会可恶分子的高效工具。中世纪有大量酷刑工具，绞索作为一种温和的刑罚被保留下来，以优待那些被认为值得优待的人。既然已经涉

绞刑架

及人对人的残忍这一主题，我们最好在这一小章的结尾说一下作为暴力工具的手，因为我们越早说完它，对我们的自尊越有好处。

***

现在你应该明白，战斧不过是大大改进的拳头罢了。如果扔出战斧（这种战斗方式在古代很流行），它就成了长距离打出去的拳头。但战斧、矛或石块，如果只借助胳膊的肌肉投出去，不会投得太远。必须想出更好的办法。全世界都要求找到一种方法，能在长距离投掷致命武器（换句话说，就是有锋尖、刀刃的手）的同时保护投掷者本人远离敌人的剑。所以，在数万年的时间里，几乎有几十万人把清醒的全部时间都投入此事，先后发明

弓和箭

了弹弓、弓箭，终于解决了这个问题。

***

　　弓箭比弹弓的准确度高，因而保留了下来，弹弓则不久就被废弃不用了。弓箭变得越来越大，越来越有杀伤力。到中世纪末期，我们的老朋友列奥纳多·达·芬奇给时人提供了固定弓箭的设计图，它几乎像小型炮一样，能让一根粗重的木梁穿透当时市场上售卖的任何盔甲。

　　但战争似乎使人格外聪明。每诞生一种新的进攻术，总有一种新的防御术来对付，使得前者只是徒耗时间和精力。第一支石矛发明出来，就有人发明了盾。于是做矛的人忙起来，把矛头磨得很锋利，能轻松穿透普通柳条做的盾。然后做盾的人也忙起

固定大炮

来，把盾牌覆上牛皮。于是做矛的人又忙起来，如此往复，直到今天我们有了大武器制造商，有了大炮专家。

但在14世纪，有一阵子，磨矛的人似乎一举击败了造盾的人。人们发现了一种化合物，其成分含硝石、硫黄、碳等。它是各种邪恶力量的灾难性结合，以前只用来点火。这种化合物具有很大的爆炸力。将它与一根中空的铜管子相连，能把大石头抛投出几百英尺远。

***

这项新发明来得晚了一点儿，十字军没来得及用上，否则他们也许就能攻陷巴勒斯坦，赢得"神圣事业"了。但14世纪中叶之后，这新出现的"火药"（gonne-powder）便积极参与了每

军队

一次战役。

　　"火药"这奇怪的词来源不明。有人认为它是"Gunnilde"的缩写，意指能把石弹投向敌人的中空的铜管子。这是很有可能的，要知道那些早期的怪物都以受欢迎的名媛来命名，正如克虏伯夫人家的著名工厂生产的42毫米武器，被亲切地称为"迪克·伯莎"。

　　但不管它叫什么名字，这声响巨大的"吹火筒"很快成了军事市场上最强大的远程"拳头"。它让移动敏捷、快速行动的步兵取得了极大优势，而此前，步兵一直受制于穿盔戴甲的骑兵。于是，高贵的骑士们马上通过严厉法律，宣布此发明"违背文明战争的一切原则"，威胁说谁摆弄投石机或蛇杆（15世纪的点火装置。——译者），谁马上就会被当作海盗和人类的敌人送上绞刑架。

火药的发明并没有给那些贵族老爷们带来多少好处，因为对长期受苦的市民和农民来说，大炮实在是太有用的盟友。这笨拙的家伙于是被保留下来，给封建主的城墙和皇家堡垒造成了巨大而永久的伤害。后来，它甚至有了两个轮子，成了可移动的手，得到不断改进和精心照料。

　　从道义角度来说，这一发明也许并不理想，但从实际角度来说，其价值不应低估。当时城市迅速扩大，市民常常比他们尊贵的主人更有钱。那些主人住在乡下祖传的屋顶漏雨的城堡里，生活单调无聊。于是市民就迅速夺取后者在社会上的领导地位，把自己抬升为强者。至于市民阶层如何运用大名鼎鼎的伯索尔德·施瓦茨的发明（他是德国一个传奇僧侣，传说发明了具有实用价值的第一门大炮），那就尽人皆知了，我在此不必赘言。

　　我不想花太多时间，讨论那种更复杂的"最致命的手"——军队。我们的历史书中大多是精于带兵打仗之道的绅士们的丰功伟绩。那些想法奇特、用武器"对付"数百万同类，比敌人更不尊敬神圣的人类生命的，却偏偏最有名，赢得了最多的雕像。

＊＊＊

　　我已经描述了作为砍砸工具的手。发明石锤子的那个人肯定很喜欢坚果、龙虾、牡蛎。但逐渐地，人类变得不那么原始了，开始厌烦几乎全由死动物构成的食谱，试着为自己的饭食加一

臼

点儿谷物。史前人类生活极不规律，要么吃得特别饱，要么饿肚子，所以很少能寿终正寝。这一点从发现的大多数骸骨上就能知道。这里或那里有一些部落厌倦了流浪、挨饿，挨饿、流浪的生活，开始定居下来，在山坡上一个宜人的牧场安然度日。在与牲畜为伍的生活中，一些比较聪明的女性偶然发现了新的谷物，便试着在肥沃的小块土地上种植，用尖木棒辛苦而笨拙地耕作。就这样，随着这些事情的发生，几万年过去了，为了把食物碾碎，人类感到需要一种比手或锤子更实用的工具。

***

在这一需求下，臼和杵被发明了出来，逐渐取代了人的两只手。于是，人们没完没了地捣啊捣，哪怕是为了做出一丁点儿饭或得到一点儿橄榄油。这不免使人恼火。于是，臼自然而然地演变成了磨。

手磨

水磨

***

　　一开始，石磨是用人力推动的。两个人（有时是一匹马或一头骡子）一圈圈地走，推动这笨重的家伙运转，吃力而单调，效率也比较低。后来，罗马人发明了另一种传递动力的方法，让乐于助人的小溪或小河替代人的手来做这项工作。

史前的能量在形成

史前的能量在沉积

　　水车在有山的地方有着极大的用处，但在地势平坦的地方就用处不大。但是，那些低地国家往往有另一种丰富的动力，且是地中海国家少有的。这就是风。很快，北欧各地出现了一些小型的木建筑，下边磨坊的地下室中安放着两片磨石。这些建筑向天空举起四只"手",仿佛在请求让它减轻人的劳苦。

　　似乎是在 12 世纪,磨坊开始在低地国家普及开来。一开始,这些人造手被安放在木筏上,风向变化时,整个机器可以相应移动。后来,磨坊的顶部修得可以转动了。于是,风车的翼开始做以前用手才能干的几百种活计,比如锯木、造纸、加工鼻烟和香料,取代缓慢的老式灌溉机械,加工大米以出售,等等。

　　但磨坊要完成这各式各样的活计,都得依赖连续不断的风。在远离大海的地方,风力不太稳定,如果也没有水力可借助,就只能靠人或马了。用人既低效又缓慢。用马速度会快些,但成本更大,因为买马费用很高,而雇妇女、儿童干活一天只需几文钱。因此,人们迫切需要一种完全不用靠天吃饭、价格又合理的新动力。

＊＊＊

　　人们几乎有史以来就知道,从土里挖出的一种黑色物质(有时埋藏很浅)是很好的燃烧材料,比木头、泥煤、干海草好烧得多。罗马人称之为 carbo(carbon[碳]一词由此而来),希腊人称之为 anthrax(anthracite[无烟煤]一词由此而来)。我们的直系祖先从中欧森林里走出来并形成了最初的文明,将之称为 kol。我们现在称之为"煤"(coal)。煤是一种数亿年前储存起来的能源,当时太阳炽热,气候潮湿,地球的大部分地方都覆盖着参天大树。

　　罗马人和希腊人力图大量获取这种能源,但他们是糟糕的采

史前的能量在释放

矿师，不知其他更好的开采办法，只会让奴隶徒手或用石锤来获取这易碎的物质。总而言之，他们的方法不太成功。

17 世纪，随着商业与国际贸易的复兴，人们对煤的需求越来越大。英国当时是制造业居于领先的国家，开始认真投入采矿。那时的矿井不过是凑合搭建的，很少深入地壳。但即便如此，人们也已发现，除非连续使用能够取代手的"水泵"，否则很难排干矿井中的地下水。

水泵的成本特别高。一开始水泵是用人工操作的，然后改用马和骡子。但即便如此，还是不容易使矿井保持干燥，煤的销售利润也都用在水泵上了。全世界凡是有煤矿的地方，矿主都在大声疾呼，渴望一种机器来取代马和人，能够稳定、低成本地做这项工作。于是，一些有科学家头脑的人想起某本书中曾提到一个用铁和火做成的人造奴隶，1500多年前亚历山大城曾用过，据说获得了极大成功。

遗憾的是，随着罗马帝国的灭亡，传说中发明家希罗的"火力机"也一起扔进了垃圾堆，而这些机器的制造细节又模糊不清。虽然如此，一些勇敢的德国人、法国人、英国人开始重建这件机器。没过多久，他们就宣布大功告成，复兴的"火力机"可以接受检验了。

但是，人类发明史上常常有这样的情况发生，让不动的物体运动起来是一回事，要克服公众的惰性却很难。这应该在我们的意料之中。地球上的大多数人都不是英雄。他们就像树、小鱼和田野里的野兽一样，只想稳妥一点，确保生活不会突然发生变化，因为突变将意味着他们得改变熟悉的习惯。可是，这个世界的先驱者们，内心的拼搏精神则超过了对安稳的渴望。

因此，他们总被邻人所恨，除非他们活到一百岁，否则别人很少会为他们的贡献心生感激。

也因此，丹尼斯·帕潘（Denis Papin，发明高压锅的法国物理学家）、德拉·波尔塔（Della Porta）、乔万尼·布兰卡（Giovanni Branca，发明了蒸汽驱动的冲捣臼）、沃塞斯特侯爵（Marquis of Worcester），在想让小水珠（蒸汽）代替人手干活时，遇到了巨大的困难。美国的费斯克（Fiske）甚至被逼自杀。

***

所有精神正常的公民都以怀疑的目光，看着他们捣腾出的砰砰响、呼呼叫、吱嘎吱嘎的轮子和杠杆。这些用石头、钢、铁制成的轰隆轰隆响的家伙，喷着火，冒着烟，肯定会让几百万人的生活发生可怕的变化。可是，这些人自古就习惯了像牲口一样被虐待，早已听天由命。他们现在不过是一双会喘气的手而已，命中注定不断地拉、扛、举，从生（或至少从五六岁开始）到死。这命运说不上幸福，但没有意外，很安稳。普通人要的就是这个。

当发明者告诉这些可怜的奴隶们，地下埋藏着凝聚数十亿人力、马力的能源，可以取代现在人手辛苦做的那些工作，那些人只问一个问题："这是不是说，我得改变我的习惯，或许我还得另学一套东西？"如果对方回答"是的"，他们就再不肯进一步听什么解释。他们最终如何摆脱讨厌的劳作，获得更多的报酬；对整个人类来说，如何增加更多财富、减少辛苦，令更少人的脊背被压弯，这些细节他们全没兴趣。要他们中断一生的习惯，被迫跟祖父、曾祖父们过着不一样的生活，这就足以让他们有理由谴责"人造手"，说它亵渎神，是想与上帝的伟力争胜的狂妄之举。这些人的胆大妄为足以让每个牧师都对其加以斥责：他们出

蒸汽机

于骄傲，胆敢改进万能上帝的创造之物。

詹姆斯·瓦特之所以成功了，不仅因为他改进了火力蒸汽机，使其不再需要人手的不断辅助，更主要的是，作为火力机的热衷者，他出场最晚。当时，世界已经听了150年的宣传，说蒸汽可以取代肌肉，瓦特在申请蒸汽机的专利时，反对的势力已大大削弱。

这就翻开了人类历史上一个奇怪的新篇章。

***

发明蒸汽机是为了取代马，而用马推动矿井的水泵则是为了取代人手。逐渐地，人们发现蒸汽机可以有多种用途，然后全世界都开始使用蒸汽机。可是，这冒着火的怪物饥肠辘辘，一天要吞下数百万吨煤，于是有必要开采越来越多的煤矿。随之，煤矿这种史前能源被越来越多地挖出，运到地面，以保证蒸汽机的运转。然后，人们又必须造更多的蒸汽机来让煤矿运转。最终，煤成了世界公认的主宰者，煤矿储藏量最多的国家可以对所有对手颐指气使。

事件的发展不甚令人愉快，也完全不是机器的发明者所预想的。人们刚刚从最卑下的手工劳动中解脱出来没两年，现在又被一个无生命的家伙所奴役，它甚至比 20 年前的工头更无情。这跟出发点是好的预期截然相反。

只有一个安慰，即这吃煤的机器的时代，似乎注定只是一个过渡性的发展阶段。现在它已表现出要结束的征兆。不是因为地下凝聚的史前能源库有枯竭的危险（我们离那一天还远），而是因为使用煤的缺点太多。煤很难弄到，又很脏。自从采煤业开始的那一天，采煤就是社会中最受歧视的人干的活。这行当很危险。当明媚的阳光照耀着大地时，人们讨厌在地下几千英尺的地方劳作。煤矿厂和储放煤的地方，能让方圆数英里的风景面目全非。还有一条，把煤从矿坑运输到最后使用之地的成本很高。

如果只有蒸汽机能取代人手，为现代上百万个发动机的轮子提供动力，那么我们就别无选择。我们中还记得约 30 年前的煤矿工人罢工的人，深知这一点。

发电机

***

　　现在，在很多地方，只要矿工们一放假，整个社会就瘫痪了，人们都会挨饿或挨冻。但我们对煤的依赖已不像以前那样绝对。首先，蒸汽机不再是主要的动力来源。大约出世60年后，蒸汽机有了一个小兄弟——"发电机"（Dynamo），是以动力家族中一个久被遗忘的希腊祖先命名的。在出世后的最初几年，这个孩子很虚弱。有一段时间它看似活不了多久了。它的教父麦克尔·法拉第为它预言的伟大未来，仿佛将化为泡影。

　　但随着对动力的需求越来越大，这种把机械能转化为电能的方法太有价值了，它没有被丢进机械古玩博物馆。今天，发电机跟蒸汽机一样对社会大有用处，以代替人手进行劳动。发电机声音轻柔，比突突冒烟、呼呼喘气的表兄受欢迎得多。

大约半个世纪前，当"蒸汽手"和"电手"似乎能干完世上一切活计时，它们得到了一个惊喜：又一个小兄弟诞生了。这个新生的家伙名叫"发动机"（Motor），它吃的来源于腐烂的动物，就像蒸汽机吃的来源于古老的植物一样。它简直是疯长。有一小段时间，它似乎要让两位更可敬的兄长无立锥之地。

***

发动机的每日食粮来自深藏地下的巨大油田。早在 4000 年前，人们就已意识到这种油的存在。那时，偶尔从岩石土壤中冒出来的油，人们用来照明。至于这种油是什么东西却没人晓得。甚至今天，凭我们的全部化学知识，也只能猜测这种不可或缺的燃料的成因。我们有理由认为，石油不源于植物，而是源于动物，由无数极微小生物的液化遗体构成。在我们的地球具有现在模样之前几百万年，这些生物生活在地球上的海洋中。但对此我们并不能肯定。虽然从地下原油中提炼出的一滴滴汽油已无比重要，多少帝国的命运全系于此（当年，埃克巴塔纳和巴比伦曾用几桶石油焚烧彼此的城池），但它们跟从前一样仍是个谜。

但发动机对自己食物的科学成分毫无兴趣。它继续以疯狂的速度发展，很快就作为手的替代物大行其道。它胃口很大。为满足它，我们被迫匆忙开采史前储藏的液化动物遗体。实际上，很多科学家已经忧心忡忡。他们预言内燃机将因食物匮乏而最终

油田在形成

灭绝。

我觉得，我们大可不必为此多虑。人终于摆脱艰苦劳作，尝到了相对轻松的甜头，就再不会屈从于祖先所受的那种奴役。再奴役他，他一定会奋力反抗。他处处在试验着替代手的新发明。他修了可以利用气流的各种新磨坊。他迫使瀑布、山泉、潮汐推动发电机。他朝着阳光意味深长地看了一眼，但迄今为止阳光一直未被充分利用。他竭力想把煤液化（至今还不太成功），发明新酒精以取代石油。要知道，发动机大家族中那些精心制造出来的贪婪奴隶，有了石油才高兴，没有石油，它们就一个轮子也不肯转动，一点儿活也不肯干。

***

对当下技术发展的未来进行预测，大大增加了世上无厘头文

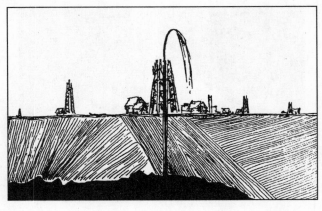

油井

学的总量。就我所知，说不定某个发明天才会想出办法，把马蜂、蜂鸟的翅膀扇起的微型气旋，转化为推动发动机的能源。我敢肯定，在最后一个油田的最后一滴油被采光之前，人类的集体才智定然早已想出新办法，让发动机继续运转。

因为，没有什么比热衷舒适更具传染性的了。习惯了开汽车的人，不会再想坐驿站马车，因此哪怕他要花光最后一分钱，也要去寻找合适的物质，以取代地球深处涌出来的臭烘烘的石油。

我碰巧属于人这种哺乳动物，但我并不是对人的所有成就都欣喜若狂。我反而常常觉得我们的狗（名叫"面条"）所过的生活比我的大多数朋友快乐得多。但那只是我的一种情绪，在我的脑海中转瞬即逝。这条好脾气的德国猎犬生活在一个"既定"的世界里。我们给它体面的床、充足的食物，偶尔还给它洗澡，只

工匠扛着工具

为交换它看不见摸不着的忠诚。这种忠诚似乎取之不尽，用之不竭。

　　也许，我所有的焦虑和烦恼都是不必要的，只要我比较顺从，不去争抢邻居的饭吃，人家叫我过去我有时也过去，那么，我或许也会以安宁、满足的心态看待生活。但我会错过那种满足感，正是它让人类优于动物世界中的其他成员。我将永不可能意识到（像已故的加里利奥·伽利略观察到的），这世界确实在动。我说的不是绕着太阳的那种转动而是比以前多一点明智，少一点残忍，让大多数邻居都更能忍受的那种变动。

＊＊＊

　　手在阔步前进，大脑的功能却发展得慢吞吞，这令人恼火。

我们的无名奴隶

就机械发展而言，我们生活在 1928 年，精神上则与最古老的祖先相距不远。简言之，我们不过是开着雪佛莱汽车兜风的穴居人。这些不幸事实我都清楚，但我拒绝听信那些失败论者。他们劝我不要再去探索未解之谜，因为此事毫无希望，因为我们注定要失败，因为我们鼓吹的知识似乎只带来毁灭和不幸。

发生世界大战不是因为我们知道得太多。

它只是以最灾难的形式证明，我们知道得还不够。

我们到处遭遇的那些社会动荡，也是如此。在蒸汽机、发电机、发动机这些"替代手"之后，机械革命和工业革命席卷而来。如果说这种广泛的愤懑情绪是机械革命和工业革命造成的，那是很愚蠢的。我不想否认大量悲惨境况的存在，也不想忽略这个事实：很多负责让这些无生命之物活动起来的人，都无比痛恨他们管理的机器，也理当痛恨。

但这些不是关键所在，只是细枝末节，跟问题毫无关系。这就好比一个人反对在医学界大量使用鸦片，坚决不让患者用可卡因、吗啡来减轻病痛，原因是有几个意志软弱的同胞为了好玩儿去接触这些东西，并开始闹事，然后被警察制服。这就好比一个人谴责汽车，只是因为偶然有一个 12 岁的傻孩子开跑了父亲的汽车，结果在村子的水塘中毙了命。

不，"铁人"已经站稳了脚跟，世上所有的花言巧语不会削弱它的力量。

***

一切都由工人亲自动手的日子，已经一去不复返。除了几种需要高度技巧的行业以外，工人身背不起眼的工具包（强化版的手）的日子也过去了。工人坐在家里，对着一些可恶的机械设备挥汗如雨的日子也即将结束。因为价格太贵，普通工匠买不起，这些机器都是从某个富人那里租来的。工厂（规模化、集中化的社会之手）时代已经到来。对抗这种有用的制度是愚蠢的。同时，当突然被迫采取全新的思维方式、生活方式，一个个民族的头脑虽然还远未对变革做好准备，但如果闭上眼睛，无视由此而来的巨大进步也是一种犯罪。

就跟冰河时代的降临一样，机器时代突然降临了。在随之而来的恐慌中，世界发生了很多事情。恐慌时期这是难免的，想来它们也很少是令人愉快的。但人类既然能承受冰川带来的比现在大得多的经济革命、社会革命，也一定能想办法走出现在的困境。

今天，在美国，连境况最差的穷人也有 11 个无声的奴隶给他们干活，他们自己则可以专注于别的东西。这些不说话却勤勤恳恳的机器，搬、拿、举，做着杂七杂八的事，而仅仅 100 年前，这些都要靠人的手和脊背来完成。

现在，连贫民窟中最底层的居民得到的一些享受，也是不可一世的查理曼大帝做梦都不敢想的，因为他怕被拖走，然后被鉴定为精神失常。

以上听上去像一个职业推销员在午餐会上的演说。他受雇于某个公共设施公司，竭力劝说一个七线小镇的商务处再建一个发电厂。

并非如此，我对天发誓！

我们当代这一巨大的替代手，如果引导不当、缺乏创见，任由贪婪的主子摆布，仍会做出无数坏事。

但同样，它也能做出无数好事。

朋友们，选择在于我们自己。

第四章　从脚到飞行器

诗人可以歌唱"健步如飞"（莎士比亚在《罗密欧与朱丽叶》中就说过这类话），但对普通的四足动物、两足动物来说，脚一直是容易疼痛的所在。它要痛苦地踩在各种锋利的石头和荆棘上，被迫承载各种重量，进行快跑、小跑、跳，让主人到达安全地点。所以脚一直是人体最容易受伤的部位之一。因此，人一旦自觉脱离了四足动物的行列，就开始想办法扩展、增强缓慢行走的后脚爪的能力，让乐于助人的替代物来做一些从前得靠疼痛的脚底板完成的种种工作。

当然，一开始，人人都不慌不忙。"时间"的概念是晚近才有的。原始人只知道几个明显的事实。他们知道夜晚之后是白天，白天之后是夜晚，一段温暖潮湿的天气之后，总有一段寒冷干燥的日子。

但现在，时间成了一种几乎看得见摸得着的物质，可以转换成确定的劳动量，并进一步换算成利润和损失。这种时间观会让

1.5 万年前的古人捧腹大笑。让石器时代的人学习使用手表或潮汐图，就像让澳大利亚丛林的居民听爱因斯坦的理论一样，只会令他们无比惊诧和困惑。

因此，除了被敌人追赶的时候，速度的概念不在我们祖先的考虑范围之内。但即便爪哇直立猿人有后背，这后背也必须由两脚支撑。

直立人不在乎从一处走到另一处需要多少小时、多少天或多少星期，但他在乎（而且很在乎）自己得费多大劲，脚底板上得生多少泡，得涉过多少条河，腿会被灌木的刺划成什么样子。

***

几乎在寻找"强化手"的同时，人就在寻找"强化脚"了，而且总的来说更成功。因为连一些最低等的动物都知道，可以让某些别的动物替自己做不乐意的事。遵照这一明智榜样，人在很早的发展阶段就役使其他几种哺乳动物，用它们的脚代替自己的脚干活儿。

马是人类最早驯化的动物之一。一旦跨上宽阔的马背，人就能不费力气、舒舒服服地长距离穿越。但驾驭这些动物需要相当的技术。普通人想从一处到达另一处，又不想有摔断脖子的风险而安全抵达，就只好步行。

***

当人像地里的牲畜一样生活，还未积累任何私有财产时，步

人像驮东西的牲口一样

雪橇

行算不上可怕的惩罚。但一旦人已经比较开化，积累了几件家用品，他就成了自己财富的奴隶，走到哪儿都要带着它们。他很快发现，重的东西拖着比背着要轻松得多。确认这一事实后，牵引问题完全改观。要到很久以后，整个地球才有专门的道路。但冰

埃及车

川时期有无边无际的雪原，给人们提供了试验雪橇（由人或驯鹿拉着的平滑木板）的好机会。

***

随着时间的推移，平滑木板装上了轮子。一开始轮子是用骨头做的。金属得到普及后，人们将骨头换成了铁，最后换成了钢。相比其他人类制造的器械，雪橇更多地保留了最初的原貌。甚至在轮子发明之后很长时间，雪橇依然保持着它自己的样子。在 17 世纪、18 世纪，大型贸易中心几乎所有的拖拉活儿都是用雪橇完成的。当时轮子太昂贵，宁可累死几匹马，也比到车匠那儿打造一辆普通的四轮马车省钱得多。

轮子的发明人是谁？纪念他的雕像立在哪里？

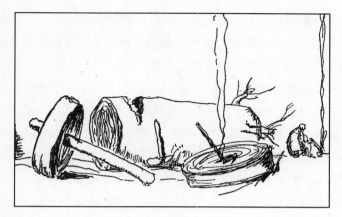

轮子

第一辆车

他是人类最伟大的恩人之一，却几乎没人想到过他。

当然，对我们来说，他的贡献似乎很简单。难道人类曾有什么时候没想到圆木盘中隐含的搬运潜力吗？

真有这样的时候！不仅有这样的时候，而且众多族群在长达几千年的时间里，根本没发现轮子的妙用。美洲的印第安人就不知道轮子的存在。西班牙征服者的四轮马车给印第安人带来的惊异不亚于他们的霰弹短枪。但美洲印第安人不是傻瓜，他们的大脑跟欧洲同时代人一样好用。印第安人在数学领域造诣很高，在天文学方面超过了埃及人和希腊人。但印第安人从未想过造出一个轮子，这也是他们落在后面，被东面来的人轻易征服的原因之一。

我们的博物馆里有据说最古老的轮子，是在死去的埃及法老的墓里发现的。巴比伦时期遗留下来的雕塑中有长着胡子的显贵，驾着小型装甲战车猎杀猛狮。荷马说起各种车辆，就跟评说各国国王一样平常。《圣经》中的车辆不满足于尘世大道，大胆腾空，直达天堂的最高处。实际上，整个的古代史都与火焰战车、天车的传说密不可分。人们想对某位守护神表示特别敬意时，就将其描绘成大胆的车手，驾着金马车，跟太阳赛跑、偷月亮，或者做其他高难之事。

***

这些最早的车是不是理想的运输工具，这一点需要讨论。除非生病或年老，人们很少用它们。只要可能，人们仍继续骑马或骡子。罗马帝国灭亡后，继之而来的是一个被遗忘的时代，平坦的道

有帆的车

路日渐崩坏，四轮载重车很难通行。此后，车成了稀罕物、昂贵的奢侈品，跟私人游艇或特快专列一样。进入 16 世纪，它们在欧洲很多地方完全消失。此时陆上贸易复兴，人们需要更有效的交通方式。最后，古罗马人的载重车终于重新出现在欧洲大路上。瑞士的乡间小路上，再也听不到中世纪常见的运输者驮马的叮当铃声。于是，缓慢吃力的四轮大车源源不断地把香料和纺织品从东方运到西方，不久我们听说，有人努力想使运货大车更少依靠驴子、骡子的耐力和勤恳。正是此时，帆船开始取代由苦役犯们划桨推动的船。乐于助人的风在水上做着不可思议的事，何不在干燥的陆地上也给它一个机会？

　　一个聪明的弗拉芒人（比利时的两个民族之一）竭力想把船和车融合在一起，在他的四轮车上立了一张帆。还真管用。它走得不错，但只能朝一个方向，无法戗风转向。还有人徒劳地做了

蒸汽驱动的"脚"

其他努力，想让车轮借助人力来转动。这些发明都成了废品，进了垃圾堆。

但它们失败之后几百年，终于有人想到可以用"强化手"来推动"强化脚"。二者的最初结合是为了另一种"加强手"——大炮（装有轮子并发射铁弹或石弹）。这一点想来令人不快，但实情确实如此。

***

1769年，一个叫居诺的法国人驾着一辆由蒸汽驱动的汽车，顺着凡尔赛的道路笨拙地行驶。这辆车是为法国陆军部制造的，目的是看能否用蒸汽取代马匹，把沉重的火炮从一处移到另一处。居诺的蒸汽驱动车跟现在的车型不一样。现在的车都是两轮或四轮的模样，居诺的车不设两个轮子或四个轮子，而是有三个轮子。它以每小时四公里的速度，在崎岖不平的路上快速前行。

如果这一发明能让车一直待在路上，那它就会成功。但这车总想窜进田野，刹车也很不可靠。于是试验无果而终，获准放弃，很快就被人遗忘。

这次失败也许是因为造机器的工程师图纸有误，但也可能是因为军事家通常都对一切新思想怀有奇怪的敌意。法国大炮专家反对这种新机械。同样，50年后，一个叫拿破仑·波拿巴的意大利雇佣兵队长，也嘲笑有人想用汽船穿越英吉利海峡。75年后，美国的陆军部拒绝在战地医院使用麻醉药，理由是氯仿既无用又危险。

不用说，当时的山姆·威勒（Sam Weller）们一听说这车不用马拉就一片哗然，从他们富丽堂皇的马车上居高临下地谴责说，人想靠蒸汽旅行，这是对上帝意志的狂妄违抗，这会毁了庄稼，会让马不再繁殖，最终会毁了法国。

但发明家就跟画家或作曲家一样，是天生的。外行常常以为这些优秀的人发明、作曲、绘画、组织托拉斯，是因为他们想这么做。其实根本不是这样。他们做这么多事，是因为他们忍不住要去做。去做的冲动是流动在他们血液里的。他们被某种不可抑制的神圣好奇心击中。对他们来说，活着不是最必要的。他们必须发明、作曲、绘画，否则就会因为不满或不耐烦而死去。

一旦出现一种新思想，98%的人都会嗤之以鼻，并给报纸

火车

写信，敦促编辑们施展其巨大的影响力，劝说那些"所谓"飞行家、北极探险家、萨克斯演奏家不要给国内青年树立坏榜样。

　　幸好另外 2% 的人很少知道同胞们的这些高尚举动，因为他们一拿到报纸，就得将它塞进炉子，免得全家人被冻死。即便某某爱国组织的女士们流着眼泪请求他们罢手，他们也只能让这些亲爱的姐妹们失望。因为他们大多数人都有那么一点点疯狂。这也没什么不好。头脑正常的人，谁会忍受我们的知识先驱们所受的那些苦？当然不会。如果这个世界全由正常人组成，我们将仍生活在丛林中，借助能抓东西的长尾巴，从一根树枝快活地荡到另一根树枝。

＊＊＊

　　我在此说了点儿离题话是相当合理的，因为下面我要告诉你另一种"强化脚"，它受到的反对几乎比其他一切发明都更顽强、更猛烈。这一发明便是火车。

理查·特雷维西克（Richard Trevithick）、威廉·赫德利（William Hedley）、乔治·史蒂芬森（George Stephenson），通常被认为是火车的发明者。他们生活在讲究体面、吸鼻烟、运输方式缓慢的时代。在别人看来，他们的热情在这个由正直基督徒组成的国家里很不合宜。

现在，人们为这三个人都竖立了雕像。但他们在世时，人们却是以另外的形式表达对他们的"敬意"，比如嘘声、各种烂白菜帮子，议会则通过法案干涉他们想打破乡村庄园宁静生活的邪恶计划。议会通过法案也没法阻止时，就让博学的教授们组成委员会，通过无数蓝图和统计数字预测蒸汽动力的想法注定会失败，投入其中的资金就跟扔进泰晤士河一样。第一条铁路终于完工时，又历经十几年的口角、争辩、劝说，史蒂芬森才说服董事们：火车头应该放在轮子上，成为活动车体的一部分，而不是静止不动地放在路的一头，借助复杂的绳索系统，把车厢拉过来拉过去。

那是 1825 年。

用机器内部有规律地喷出来的蒸汽来推动机器，这一想法由来已久。希腊人已设想过用机器代替手的可能性，但他们一直没成功。问题在于他们知道的还不够多。他们头脑很聪明，但还没有积累足够的科学知识，于是他们一直只是古代世界的主要"猜想家"，猜想到了从治国术到汽车的一切，而且常常猜得很准。

汽车

***

　　在他们之后登场的，是中世纪善良虔诚的市民。市民只关注"信仰"，对"求知"和"猜想"都没有兴趣。经过多年痛苦的体验，他们才确认了一个铁的事实：过于依赖来世的快乐，会使现世的生活变得更加如地狱般难熬。于是，希腊人未竟的工作得以继续，内燃机再次被从阁楼小屋里搬出来，成为严肃研究的对象。

　　荷兰物理学家惠更斯设想一种机器，能靠少量火药的爆炸来推动。在他试验各种火药样本的同时，瑞典王室买了纽伦堡一个钟表匠打造的一辆"机械装置驱动"的车（细节不详）。可是这辆老式汽车对于当时的道路来说实在太快，因为它常常能一小时走 1.5 英里，并一直走下去。几年后，连发现了引力定律的伟大的牛顿，也在研究根据火箭原理驱动行驶的车辆。

但直到 19 世纪中叶，当人们确知提炼过的石油具有易燃易爆性时，现代形式的汽车才首次出现。法国和德国正忙于试验时，1870 年普法战争爆发，造成了一点儿耽搁。这次无意义的、灾难性的战争结束后 15 年，不用马拉，也不用蒸汽驱动，而是用"爆燃式发动机"推动的车首次出现在欧洲的大路上。它马上遭到猛烈的攻击。铁路公司全然忘了不久前自己的遭遇，谴责这些在公路上横冲直撞的车是"公共安全的敌人"。公民们大嚷着应捍卫行人的权利。议会又像以前那样冲到前台，通过立法，规定有汽车的人得在汽车前面安排持灯笼或红旗的护卫人员。

所有这些发明都强化了脚的功能，促成了社会体系的大变革。詹姆斯·瓦特因改良蒸汽机而获得专利的那一天，这个大变革（工业革命）就开始了。它们完全改变了以前的距离观念，把地球至少缩小了 60%，让世人重新看待"速度"，让人觉得脚作为运输工具太不令人满意。人走得太慢，仿佛一只长着大脑的蜗牛。在火车机车和汽车问世之前，脚（至多加上一双冰鞋，最初用的是骨头轮子，之后改用钢轮）是我们衡量速度的唯一标准，而且它所取得的成绩实在叫人不敢恭维。现在，在不到 100 年的时间里，我们走到了队列的前面。也许我们并不总是知道这么飞快要去哪里，但总之我们不是坐着不动了。

***

陆地上发生的事不久就在水上重演。人本质上来说是一种陆地动物，但在饥饿和贪婪（偶尔也有好奇心）的驱使下，他要在

滑冰刀

水上待很长时间。

　　如果从一地到另一地的最短路线要经过一条河或小溪，我们以上列举的脚的各种替代发明就毫无用处。河不太深的话，人可以涉过去，或者让马驮过去。但这一过程中，总要重新装卸旅行者携带的货物，会浪费大量时间。所以人们觉得应该想个办法，让人能从河的这一边到另一边去而不用把脚弄湿。

＊＊＊

　　桥就是这样发明出来的。

　　第一座桥只是横在峡谷上的一根枯木，朝上的一面削平，可以让人走过去。但树的长度有限，河的宽度则没有限度。而且，马和车不能走这些摇摇晃晃的狭窄通道，行人常常掉进河里淹死。

第一座桥

最后，罗马人解决了这个难题。埃及和巴比伦的工程师与罗马人一样聪明，但他们住在小型海洋一般宽广的大河边，谁也不会想到要去征服它们。而且，埃及和巴比伦没有控制地球上有人居住的大部分地域，不需要从帝国的一处到另一处那种快速的、不受阻挡的交通。

罗马人则统辖着几十万平方英里的国土，士兵数量有限，必须依赖道路、桥梁，尽快把士兵从领土一端运到另一端。所以罗马人修的桥梁多为军用，而非商用。直到中世纪后半期，众多建筑师和工程师才开始注意古罗马帝国各种建筑的遗迹，并按当时的需要加以修复。

随着贸易的压力越来越大，即使这些"悬空路"（桥）用意良好，也不能总是承担从一城到另一城的忙碌交通。然后，桥发展成了一条隧道，钻到河床底下，在对岸又钻出来，几乎不打断

人类的到来

罗马人的桥

贸易的流动。

***

　　较小的水面障碍就说到这里。但还有大海，大海可不容易征服，难对付得多。当然，人可以模仿鱼、海豹游泳，但毕竟只能在水里待一段时间，再长就不行。必须发明一种全新之物来充当"水上的脚"。卷入洪水中的动物，会扒着一根枯木到达安全的地方，第一条船的灵感也许就是由此而来，但以原木为船很难控制，稍稍一碰就会翻掉。于是人们借助文火、石头刮削工具，将原木中间挖空，做成常见的船，借助一根长竿来推动。一天，经过多年的试验，史前世界的人们吃惊地听说有个人驾船越过了英吉利海峡。他无疑被看成是比林白（美国杰出的飞行员，驾驶原

河下隧道

第一条船

第一条船渡过海峡

始的轻型飞机不着陆飞越大西洋的第一人）还伟大的英雄，从某种角度来说，他跟林白同样重要。

然后，一个重要时刻到来了，这是我们历史上最伟大的时刻之一。一个勇敢的水手把一张兽皮绑在一根木头上，将之横着吊到另一根木头上做成桅杆，再将之插在船头，骄傲地让风将自己吹到了目的地。当他乘着这海上"灰狗长途汽车"穿越英吉利海峡时，我敢肯定，那片广阔水域两岸的人都确信，黄金时代即将到来，人类智慧很难再朝前走出更远。

但这只是个开端，因为手开始来帮助脚了。人们发明了桨，它令人印象深刻。人们看着它说，船仿佛在犁着大海一般。它使航海比以前安全得多，水手不再担心风的问题。只要你有足够的奴隶划桨，就能比较准确地预测自己什么时候能抵达某处。

锚

在发明第一条船之后几千年，继船桨之后又发明了船舵。舵出现的时候，船的形状仍如浮在水上的方盒子，船头船尾都一样，所以就得在船头安一个舵，船尾也安一个。这些舵不过是加宽了的桨，跟独木舟的桨用途一样。之后，船的航速不断加快，船的整体形状也发生了变化，前舵被弃用，后舵移到了船尾末端，从此就一直待在那里。

大约也是在此时，航海技术又有了另一个变化，出现了一种极简单的器具——"锚"。

希腊人和罗马人既畏惧阿尔卑斯山和色雷斯山的雪峰，也痛恨开阔的大海。他们只进行近距离的航行，以教堂的尖顶为灯塔。夜晚降临时，他们干脆把船拖上岸来，在陆地上过夜。之所以采取这种速度慢、成本高的旅行方式，是因为如果晚上没有星

帆船

驾帆船渡过海峡

桨

星指引航向，他们只能随波逐流。一旦船开始随波逐流，谁都很难说会落脚在何处。

锚则解决了这个难题。它是块大石头，系在绳子上，仿佛从船的甲板上伸出一只手到海底。它让船固定不动，这样人们就可以做更长的旅行。

锚被看成一种极有用的"扩展手"，在很多宗教和文化中被视为安全的象征。

***

水手们的简单需求现在都满足了。但如果有雾，他们就容易迷失，晚上没有星星时，他们也会绝望地找不到方向。指南针的引入解决了这个问题。中国传统式样的指南针在 13 世纪上半叶传入阿拉伯，后又传入欧洲。此后，船就能深入七大洋的各个角落。如果船长懂行，船主订购船时不太抠门，天气又比较好，地图又标注准确，这些早期平底船常常能顺利抵达目的地。因为即便由最内行的航海家驾驭，帆船或有桨帆船也仍然不太靠谱。

逆风就意味着麻烦。

遭遇暴风雨，会损失足足一半的桨。

所以，整个航海问题就归结为一个问题：如何让这漂浮在水上的"脚"不依赖风，也不依赖人的手。

人们试着在船两侧装上桨轮，用脚来蹬，但没有成功。詹姆斯·瓦特完善了"强化手"后，人们在船舱内放进一台蒸汽机，驱动桨轮转动。这就是蒸汽动力轮船。这个发明常常归功

汽船

羡慕飞鸟

于罗伯特·富尔顿。但在富尔顿之前很长时间，就已有人在试验"汽船"了。富尔顿这个早年曾学习绘画的热情年轻人，只是蒸汽航海业的一个极为成功的推动者。拿破仑战争结束之后十几年，英国和欧洲大陆之间已定期有汽船往来航行。1838年，美国和欧洲也有汽船通航了，两个星期就能走完全程，以前则需三星期到三个月不等。

大约30年前，远洋邮轮出现了，于是"强化脚"在水上也跟在陆地上一样消灭了距离感。现在只剩下一个领域需要征服：空中。

***

人自古就羡慕飞鸟。鸟类来去自由，让人艳羡不已，这是可以理解的。它们不依靠道路和桥梁，不在乎河流和海洋。它们甚至随着季节变化，从北向南、从南向北迁徙，解决了怕冷怕热的问题。因此，人从一开始就试图以各种形式来模仿飞鸟，4000多年前中国的史书中就提到了风筝。

几乎每个神话中，神都能在天空自由翱翔，没有什么比这更清楚地表明人是多么想飞。

但人类一直无所收获。直到中世纪后期，我们的老朋友列奥纳多·达·芬奇严肃地研究了用翅膀代替脚的问题。他甚至造了一些飞行器，纸上看着很漂亮，试验时却无法升空。

现在我们知道达·芬奇为什么必然失败。他设计的各种飞行器本身没有什么问题，只是人的手不足以让这些过大的风筝离开地面。除非人手的力量比16世纪时扩大1000倍，否则什么办法也没有。

***

然而，人们继续关注这一问题。18世纪下半叶，法国的一群造纸商把一些纸糊在一起，做成了一个气球，里面装满热空气，放入空中。围观的人群瞠目结舌，气球一下来，他们马上用耙子来戳这怪物。虽然人已设法升入空中，但还无法控制自己的行进方向。

如果顺风，人有时可以乘热气球从一国飘到另一国。他甚至能飘过英吉利海峡。但到了法国或大不列颠，他却无法回到原处。

风筝

***

　　那些能一飞冲天的滑翔机也是如此，它们几乎跟中国的风筝一样古老，但直到大约 50 年前才成为科学研究的对象。当时，汽船和火车似乎已发展到极限，人们再一次向天空发起了冲击。

　　19 世纪七八十年代，人们借助这些像鸟一般的装置在空中滑翔。它们可以在空中飘很久，但如果突然刮来一阵大风，滑翔机里的人就有可能跌断脖子，而且当时的载人滑翔机很难启动，想降落到指定地点就更难。人类插上翅膀，这仍是一个梦想。后来，发动机（"强化手"）的制造商，把发动机产品变得特别小、特别可靠，使用起来绝不会突然失灵，也绝不会突然跌落在地。

第一个热气球

坐热气球去伦敦

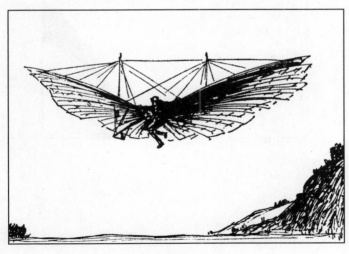

滑翔机

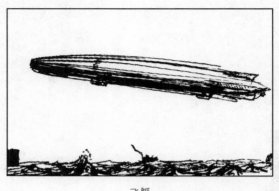

飞艇

到下一个星球去

***

　　莱特兄弟似乎是最早飞上天的，他们的第一次空中飞行只持续了 59 秒。但事情一旦开端，剩下的就比较容易了。

比空气重的飞行器

飞行器

引力法则

不久之后，人们又难免再次跨越英吉利海峡。当布雷里奥（Blériot）从法国加莱飞到英国多佛时，整个世界都相信，人类的两个宿敌——时间和距离——终于被击败，地球上的人类胜利结成一家，从此将永远过着安宁和谐的生活。

***

齐柏林（Zeppelin）突突作响的飞艇，也在同一个海峡上空往来穿梭，装的却是可怕的炸药和毒气。这再一次提醒我们，人类的脚与手都只是工具，能为善，也能作恶。进步之路上会有奇怪的弯路，很多弯路都穿过墓地。

至于这些"强化的脚"未来能否以我们尚不知道的改良形式，让我们脱离地球这座监狱，对此我的确不知道。但这似乎并非不可能。我们也许需要比现在更多地了解引力定律，也需要对离我们最近的星体有更多的了解。如果我们意识到，只是在短短一个世纪里，人类手和脚的能力就神奇地加强了多少倍，就没有理由绝望，没有理由认为我们注定要在地球这粒小小尘埃上终了一生。

记住一点：在过去50年中我们似乎走了很远，但在使用大脑这件事上，我们还是新手。对于那些可能性极小的信念，很少有人有勇气去坚持。

但应该给他们时间。

第五章　形形色色的嘴

　　开往外国港口的船只，至少每 24 小时就要确定一下位置，看看是否行驶在正确的航线上。同样，一个写作者要穿越不完全为人所知的知识海洋，偶尔也要看一下"指南针"，免得撞上废话连篇的礁石，惨死在雄辩的残骸中。我的指南针就是"字典"。这个文学指南针不像航海指南针那样不可或缺，但如同某些时间表一样，它还是聊胜于无。《大不列颠百科全书》关于"嘴"的解释巧妙而欢快："从解剖学上说，嘴是一个椭圆形腔体，消化道的起点，用于咀嚼食物。这一开口位于两唇之间，静止状态下宽度达到两侧的第一前臼齿处。"

　　"嘴唇是环绕着嘴巴开口的肉质褶皱，其组成部分从外到内依次为皮肤、浅筋膜、轮匝肌、黏膜下层组织，包括很多豌豆大小的唇腺，然后是黏膜。唇的深处有冠状动脉，内侧正中线有黏膜附着于牙龈，形成唇系带。"

　　这么说来，我应把本章称为"声带"，而不是嘴。

嘴

　　但作为人体解剖学的组成部分，声带很少进入人们的文雅谈话。一般人会隐约觉得，声带跟扁桃体炎或感冒有点关系，嘴才是说话的工具（很多谚语和《圣经》都表明了这一点），而不是像《大不列颠百科全书》所说的"一个椭圆形腔体，消化道的起点，用于咀嚼食物"。

***

　　所以当我提及"嘴"这个词的时候，我实际上指的是"说话"。当我提到嘴的强大功能（大部分人类文明的发展都以此为基础）时，我指的是人的语言能力。人能把思想传达给邻居，借助的是人类各种发明中最伟大的发明——一个极发达的、极可靠的、能够精细划分声音的系统，我们称之为语言。

我并非贸然表示动物没有自己的语言。我家里养有很多小猫小狗，屋檐下住有许多燕子，它们让我不敢这样妄下定论。猫、狗、马、牛、鸟、海豹（还有鲸鱼，尽管很难把它们放在水族馆里进行研究）彼此间总在不断诉说，抚养后代时尤其话多。

但它们的语言（必须声明，据我所知，我们对这一问题的认识特别有限）似乎仅限于警告信号构成的简短代码，所有代码都与它们生活中两个压倒一切的欲望有关：一个是繁殖后代的欲望，另一个是对食物的欲望。在人际关系中扮演重要角色的抽象思想，它们是无法触及的。甚至连那匹名叫"汉斯"的会算数的马，那只名叫"领事三世"的博学的猿，如果要它们彼此谈谈国联，或者基督教与佛教孰优孰劣，也会不知所措。

***

我会小心避开语言的起源问题，毕竟我对此一无所知。虽然关于语言起源这个问题的书可谓汗牛充栋，充满了最精深的细节，但当它们说到问题的关键时，却令人痛苦地表明，这个谜远未解开。

关于语言的发展，我们知道得很多。

但如果我们想确定究竟人类在哪一刻不再是哑巴而是开口说话，难题就来了。

琢磨词语

这类问题让我希望自己能在 2000 年后重返地球。我们在钻研此问题的多年中，对人类自身也知道了如许之多。那么在未来几个世纪中，必有一天我们会说："就在彼时彼刻，人不再像动物那样哼哼，开始像人一样说话。"与此同时，为期待那个伟大时刻，我要心怀感激地记录下这一事实：嘴（指声带）对人类发展做出的贡献，要大于其他所有器官，甚至包括极有用的手和脚。因为嘴能让我们把自己积累的全部知识赋予永恒的形式，就是说，每一代新人都能继承祖先积累的全部智慧。

***

人类似乎是从几种略有不同的祖先发展而来的，它们没有共同的表达形式（同一基本种群的动物则有这种形式）。这也许可

翻译的艺术

以说明为什么我们一开始进步得很慢。一旦有人发现某种方言中有咕哝、咝咝声的各种组合，而在其他语言的咕哝、咝咝声组合中，都有类似的对应，可以把一种语言的内容全部装进另一种语言的模子，而原本的意思基本不会失去，词语也不会支离破碎。一旦有人发现了这一点，一切都变了。

***

翻译者的艺术，让人类成为一个智力大同盟。我不是说各地的人都要抓住良机，借邻居们的知识来提高自己的思想。绝大多数人不关心这种事。他们希望填饱肚子，有房子住，能教育子女，偶尔再去看场电影，仅此而已。

但世上那些从事实际工作的人，不论是住在中国、格陵兰、澳大利亚还是波兰，都不必只凭自己的观察来下结论。即便他们

钟

从未学过阅读和写作，即便人类从未发明过字母表，他们仍可通过一个好的翻译，知道世界上别处的人是如何看待某一问题的。某个不足道的野蛮人第一个想到，不同方言的词语可以彼此相抵，仿佛香皂、水泥、干草一样。正是这个人，把人类结成一体，共同对抗无知、恐惧这些巨大的力量。

但知识只是一种奢侈品，而平凡的生活则是必需品。语言最初是示警工具，而不是教育手段。它不仅警告可见的危险，也会更多地警告那些看不见的危险，后者要可怕得多，因为无法预防。

***

别忘了，人类的开化程度越低，就越相信神秘的力量。他们一辈子都在对付隐身的敌人。那些敌人藏在灌木丛中，躲在树后或井底，一心只想吓唬这些可怜的农民，吃掉他们的孩子，让他

叫大家来礼拜

们的牲畜中邪。

情形很不妙，但幸好鬼都很胆小，弄出大的声响就能吓跑它们。你扯着嗓子大喊大叫，恶鬼就伤害不了你。

但喊叫是很累的，对声带也不好。于是在很早的时候，人们就用一截中空的木头取代嘴，大声警告所有恶鬼快快走开。

一般情况下，敲一阵子鼓就会让那些小鬼害怕。但如果小鬼特别执着（春夏季节常常如此），就必须连敲几天或几星期才能把它们赶走。

这种用噪声驱鬼的习惯，在多大程度上进入了人类的社会体系，看看中世纪的人有多喜欢敲钟就知道了。教堂的钟不过是金属的嘴，早、中、晚响个不停。渐渐地，它的最初用途被人忘却，而生出一些别的用途。它报时，告诉农奴何时起床，何时睡觉。但它也没有完全丧失原本的角色：在星期天和假日钟声会长鸣，提醒信徒们该

古代灯塔

去教堂了，偶尔也能清除或许不利于法事正常进行的有害氛围。

伊斯兰教的先知则让嗓音非常好的人爬上专门修建的尖塔，从那儿呼唤教徒礼拜。而作为火警锣声或警告台风的汽笛声，这些唤礼员的用处有多大，我不知道。但幸好普通的教徒一般也不太操心火灾和台风的问题。

在欧洲，政府越来越关心公共福祉，嘴被用于各个方面，直接告诉人们该做什么，或警告他们远离不该做的。

我不仅是指号角——中世纪守城士兵用它吹出曲调，告知市民们天下太平，并提醒他们小心用火。我指的是过去的日子里，嘴的延伸（加强了的人声）所用于的一些更为雄心勃勃的用途。

***

一个是夜间航海问题。一旦船只远离海岸，航行就容易了，

雾号

撞船的概率很小，当时的浅水船也不怕偶尔出现的沙洲。但船只在日落后接近陆地时，难题就来了。当然，罗马人和希腊人可以在每个海角安排一个声音洪亮的奴隶，让他向靠近的水手发出警告。但是否有那么多声音洪亮的奴隶，让所有船只都远离危险，这值得怀疑。必须发明别的东西来代替人的嘴。

人们解决这个难题的办法，是在最危险的岩壁上用木头点火，于是作为人声变体的灯塔出现了。

古人将亚历山大灯塔（修建于基督出生前 300 年）列为世界七大奇迹之一，以示纪念，可见这些警示塔如何普遍地受到尊重。顺便说一句，亚历山大灯塔的建筑者必定很在行，因为这著名的灯塔亮了 1600 多年，照亮海面为无数船只导航，最后在一次地震中被毁。

罗马人是伟大的灯塔守护者（这一点我简直不消说）。只要是让他们修建跟道路、港口、交通管理有关的东西，他们就会在上面斥巨资，不懈地改进，使之趋于完美。他们在欧洲沿岸都修了警示灯塔。在我们自己的祖先还没听说过灯，更没听说过塔时，英国多佛和法国加莱早就有灯塔了。

中世纪时，灯塔系统暂被荒废。还未坍塌的灯塔被改建成教堂。大海沿岸一片漆黑。但随着商业的复兴，灯塔再次成了日常之必需。一开始人们用煤代替木头来照明。然后，煤气和石油的时代到来了。现在，电灯代替了嘴，能把警告无声地传出30英里远。

不幸的是，灯塔只能在晴好的晚上用，一有雾就不行了。这时必须用声音代替灯光。一开始，敲钟足矣。但对现代海上交通来说，钟声传不了多远。于是人们用雾号（用蒸汽驱动的放大了无数倍的声音），最后又发明了无线电报。

自从有了电报，发出一个低低的声音就能警告船员注意危险。不消几年，灯塔和雾号就会像火警锣声一样成为过去。因为现代人希望嘴谨慎行事。它最好既高效又安静、庄重。跟所有用具一样，它也会被极度滥用，谁的邻居有便携式留声机，就知道这一点。但稍有机会，嘴就会体面行事。如果你听说过所谓"远程说话"（电话）和"远程书写"（电报）——二者都是嘴的能力的扩展，你就能明白这一点。

如果一个人想对另一个人说件要紧事，一开始他能通过声音或手做到。但人很快放弃了手语，采用了有声语言。如今手语只在聋哑人中保存下来，或者只是用来强化口头语言，在别处则完

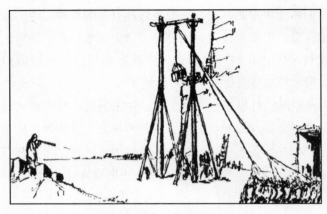

扩音器

全消失了。而通过声音来交流的方法则得到巨大的发展，它的历史是很有意思的。

＊＊＊

在最古老的巴比伦雕刻中，我们已经看到原始的"远程说话"的画面。我们看到工程师指挥奴隶抬东西。1000 个奴隶拉着绳子。工程师站在一个小平台上，手里拿着扩音器。扩音器当然相当于扩大了的嘴。工程师通过扩音器喊号子，所有奴隶就一起拉。没有这个"强化嘴"，工程师的声音就无法同时传达给这么多人。这是扩大人声的最初尝试。此后经过无数次试验，电报、电话、无线电、收音机陆续问世。

有些发明在最初露面时并没太引起公众注意，因为它们没有

思想

旗语

进入更多人的日常生活。但所有人在一生中总有些时候，因声音传不到 200 英尺外而感到受挫。所以，对于克服这一难题的那些尝试，人人都感兴趣。因此，我们可以更好地追踪各个时期"远程说话"的发展，这比大多数人体器官的强化过程要清晰得多。

依据传统说法编写的历史常常比依据文献资料的更为可靠。如果传统说法是对的，那么特洛伊城投降的消息是用烟火信号远程传回希腊的。在非洲，自古以来各部落就用棍子敲大鼓彼此联络，刚果原住民完全明白发出的信息，就好比西联汇款公司的办公室职员完全明白摩尔斯密码一样。

在中世纪，文明程度更高的人住在高墙环绕的小城里，如同关在笼中的野兽一般。一旦敌人围城，他们就用鸽子报信。而在海上，只要天气晴好，过往船只就用旗语对话。

对规模比较小的社会来说，这些笨拙的扩大人声的方法已够

烟信号

鼓信号

信鸽

信号塔

用。但当国家越来越大，权力越来越集中，政府必须让全国各地都同时听到自己的声音，否则难以久存。每个现代大国的历史就是一连串的危机，然而在危急时刻，信差、鼓、信鸽都没多大用处。18 世纪，庞大的王朝和种族群体得以巩固，这时人们开始大规模做电报试验。

***

法国人是最先实现政府中央集权的，所以在长途传递人的声音这一领域自然成了先驱。

1792 年春天，一个叫克劳德·查普的工程师向法国国民大会递交了一份关于"光学电报"（一套高级的传递信息的烽火台系统）的详细计划。他的设备要安装在位置方便的教堂塔顶或山上，由几根木臂组成，木臂安在一根横杆上。通过绳子和滑轮变换木臂的位置，可以拼出不同的字母。工作人员用小望远镜读出其信息，再传给下面的塔，一直传下去，直到信息成功地从一镇传到另一镇。

这东西运转得非常好。在拿破仑时代，欧洲大部分地区都通过查普先生的"光学电报"，倾听皇帝威严的声音。

但它有一大缺陷：无法让消息保密。镇上的闲汉常常聚在教堂塔周围，琢磨各种信号都是什么意思，最后他们也能像操作者一样轻松快速地读出字母。必须想出办法来传递比较秘密的信息。

当"光学电报"即将寿终正寝时，世人开始玩一种迷人的新玩具——"电"。每个城镇都有一些默默无闻的乡村天才，用神秘的电流碰运气，希望电流能把信息从一地传到另一地，自己好因此发财。每个德国实验室中也都有一个一心想搞出点名堂来的教授，把妻子的最后一分钱浪费在买电池、铜丝上，指望自己能第一个让世界听到同一个声音。

一个叫塞缪尔·摩尔斯的美国画家拔得头筹。1837年，他把自己的画架变成了一台电报装置。这第一台机器能把声音传出1700英尺远。一年后，他觉得进展不错，可以让国会看一看自己的发明。但国会当时正忙着其他的事，六七年后才细听他陈说。这样，在1844年，华盛顿和巴尔的摩通过电流能彼此对话了。

摩尔斯的计划还在试验阶段时，欧洲各国政府对其毫不关心。现在他们都开始表示感兴趣。今天，人的声音被转换成点和

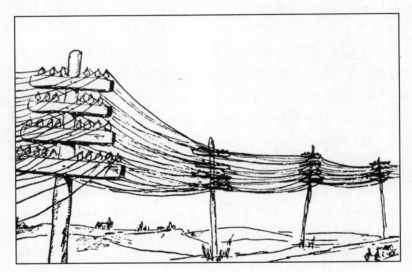

陆上电报线

水下电报电缆

无线电报

线，渗透到文明世界的各个角落。电报线很快告别干燥的陆地，深入水中。一旦船造得足够大，能铺设 3000 英里长的电缆，电报线就能穿越大洋底部。纽约人发现自己住在伦敦郊区，反之亦然。

在很长时间内，电报即可满足所有国际语言交流的需要。但在"强化手"和"强化脚"的影响下，我们的地球变得越来越小。人们开始产生一种新的需求，不想过分依赖昂贵的电缆（在塞缪尔·摩尔斯的发明中，电缆是不可或缺的）。

不借助任何中间线路就在一城对另一城直接说话，这想法很古老。早在 1795 年，西班牙一个叫萨尔瓦（Salva）的医生，向巴塞罗那科学院解释了这种做法的可能性。巴塞罗那科学院耐心倾听（渊博的科学院总是如此），随后却将其全盘忘却。

一代人之后，一个德国人力图让电流穿过水这一介质来实现无线通信，当然，他与西班牙的萨尔瓦全无关系。当时的问题在于，谁也不知道他玩这个小游戏所用物质的确切性质。这一答案要等待海因里希·赫兹来揭晓。赫兹是杰出的科学探索家，因工作过于勤奋而英年早逝。他还不能告诉我们电磁波究竟是什么，但他发现了电磁波活动的规律，这本身就是巨大的成就。赫兹的著作问世后，人们开始严肃对待无线电报的问题，各国都想捷足先登。

一个叫马可尼的意大利年轻人成功地把一个字母无线传过了大洋。字母表中的其他字母迅速跟进。最终，几千年来最为特立独行的船长们，现在不论他们离大陆多么远，都不得不听到他上司的声音。进入云团的飞机仍然能与地面保持联络，地面可以警告它暴风雨将至，仿佛飞机在人正常说话可及的范围内。

***

但就像一个法国谚语所说的，胃口越吃越大。随着"远程书写"技术成了既定事实，人们不再满足于这个小玩意儿，而嚷着要一件新机器，让他们体会"远程说话"的新奢侈。

几千年前，中国人发明了一种玩具，用一根细线把两截竹筒连在一起，两个人隔几百码都能对话。它属于那种历久弥新之物，每隔两三代人的时间又会重新出现，每次都被各处称为"最

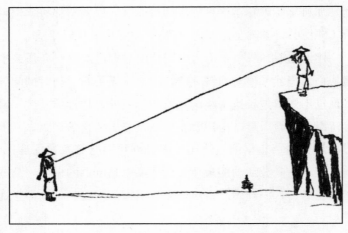

中国玩具

新玩意儿"，大街小巷都在叫卖，然后又像出现的时候一样神秘消失。中世纪的人玩它，18 世纪的人也玩它。正当人人谈论着电流的巨大潜力时，这古老的中国玩具又第 50 次（也许是第 100 次）冒出来，畅销于所有乡村集市。

　　一些人似乎从它身上得到了灵感：这也许就是把人的声音从一点传到另一点的办法。德国人菲利普·莱斯第一个完善了这种"传声"工具。它运转极好，因此菲利普·莱斯给它起了一个大胆的名字：电话（能让人的声音穿越空间的工具）。

　　15 年后，一个叫亚历山大·格林·贝尔的苏格兰移民进一步解决了声音传递微弱的问题，给我们提供了人人熟悉的现代电话。贝尔住在波士顿，是一所聋哑学校的老师。

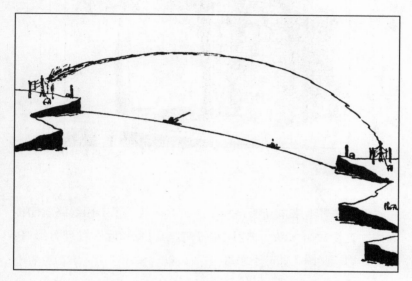

无线电

保存桃子和保存思想

人的声音本来依靠线路来传递，怎么变成了不用线路就能传递呢？这个故事太新了（对本书作者来说也如此不可理解），我只给你们一张图，此外不多言。

***

今天，即使毁掉人类写过的一切书籍，也能通过这"强化嘴"让整个人类大家庭完全知晓人类做过、想过、说过的一切。据我们所知，当我们国家的树莓专家告诉北半球的人们，做蜜饯如何不把糖烧焦时，说不定连火星、土星上深受其苦的居民也在侧耳倾听呢。

这把我带到了本书最重要的部分。我把它留在最后，部分是因为它比我以前说的一切都重要，部分是因为很难用不到 50 个

晒鱼和晒思想

词的句子来解释它。

如果说，几乎无法断定我们的祖先是在历史的哪一刻开口说话的，那么就更难追溯他们是如何得出下面这一结论的：为了子孙后代，说出的话可以保留下来，脱口而出的声音可以捕捉下来。

我们生活的这个时代将被称作"纸的时代"。我们沉溺在印刷的文字世界。没有书，没有时间表、空白订单、空白电报单、电话号码簿，没有报纸、杂志，没有数不清布满奇怪小黑文字和图形的纸片（用木浆等制造），我们的文明将很快消亡。

在 1928 年，人们几乎无法想象回到一个没有纸的时代。但是，如果我们把人生活在地球上的时间视为 12 小时（从午夜到正午），那么人将思想化为具体文字的技术不过是九或十分钟之前才发明的。

它是怎么发明的，由谁发明的，在哪儿发明的，在什么情况下发明的，这些都是谜，将来也会是，直到我们对最古老祖先的文明比现在有更多的了解。他们究竟能否写字？如果他们能写，我们在他们的墓地和洞穴的骨头之间发现的奇怪的彩色鹅卵石，究竟是什么意思？

我们的回答是：不知道。

几乎每年都有人告诉我们，某某教授成功破解了这恼人的谜团。然后，这位学者所在的国家就举国欢腾，因为现在人类的历史终于可以再朝前推 1 万年或 1.5 万年了。但不久疑问又出现了。最后，认真考察了所有正反意见，我们明白这最新的假说毫无价值，我们必须重新来过。

当然，中世纪人对埃及象形文字、巴比伦人的泥板文书也是这么想的。然后，托马斯·杨（推动破译罗塞塔石碑的英国物理学家）、商博良（埃及学的奠基人，找到了破译埃及象形文字的正确途径）、罗林森（破译楔形文字的天才）出现了。现在，掌握了这门本领的人，可以像读日报一样读楔形文字和古埃及文。

我确信这个谜总有一天会被解开。也许就是明年，或许是100 年后。我们不知道，所以现在要么闭口不言，要么只能猜测。

***

对西班牙、法国一些古老洞穴的研究告诉我们，人几乎从开始制造工具时起就开始画画。有些洞穴壁画的绘画技巧特别高

通灵术

超，以至于有人指控说，发现它们的考古学家为了出点儿名，伪造了画中所有那些乳齿象、鱼和鹿。现在我们知道这些画都是真的。随着时间的流逝，我们会发现越来越多这样的画。

但对画这些的人来说，它们意味着什么？它们是否在有意识地给抽象思想赋予一种具体的、不会消亡的形式？

很可能并非如此。

它们跟通灵术（魔法）有关。人们出去猎捕野猪、大象之前，会先把它们画下来，希望能对它们施加魔法，以便更轻松地抓住它们。这就好比中世纪时一些统治者会做形似敌人的蜡像，并在上面插满针。

因此，那些史前绘画并非早期图画语言的遗迹。它们体现了当时的宗教精神。它们有所言说（所有图画都如此），但与人类想以具体形式保存思想的愿望无关。

危险信号在说话

　　这让我们开始面对第二个问题：图画什么时候不再只是图画，而成了思想保存系统的一部分？

　　举一个现代的例子可以说明，要明确区分这两种绘画表达形式有多么难。在欧洲很多山路边，你都会看到描画的小小路标，为了让路人具体知晓缩略的信息。其中一个路标画着一位圣人的肖像。有一个流浪者曾在此遇到飓风（这个流浪汉 500 年前在此死去并埋在这里），好心的圣人救了他的命。感激不尽的此人觉得此事至关重大，就叫人画了一幅画，以便告诉所有路过的人，他生命中那最重要的一刻发生了什么。另一个路标是当地汽车俱乐部立的，上面只是一个反写的字母 S。对所有开车人来说，它的意思很清楚。这反写的 S 以明确无误的声音喊道："小心！你正快速接近危险的弯道！"

　　两个带图的路标都有故事要说，但文字最终是从后一类图画

第一封信

中产生的。

　　我要用另一幅小画来努力告诉你，这是如何发生的。

　　这是冰河时期一位猎手刻在一处悬崖侧壁上的信息。他与同伴们走散了。他突然看到远处有两头鹿，想去追，但离其他人太远，无法用嘴告诉他们。他如果大喊"嗨，听着！我去追两头鹿了"，他们是听不见的。他必须另想办法。于是他在岩石上画了一幅简略的画，实际是写了一封信，其中大意是："我在湖边看见两头鹿，我去追了。别等我。我会回来的。"

　　丛林人都是杰出的艺术家，给我们留下了大量这样的画。如果他们有机会常常发出这样的信息，那么他们最终也许能发展出一套图画语言，其中每个符号都代表一个明确的词，这个词以前只在口头语言中出现过。但你要注意我上一句话中的修饰语，即"如果他们有机会常常发出这样的信息"。

结绳记事

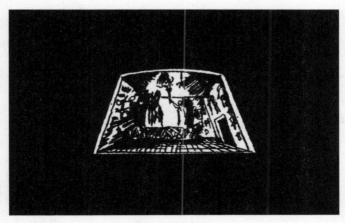

埃及的神圣文字

＊＊＊

　　同一幅画必须重复无数次，才会有人想到可以用这样的画，以具体的形式保留某个口头用词。在一个极简单的群体中，这几乎不可能发生。因此，很多原始部落离发明文字只有一步之遥，却因为缺少足够的机会来研究这一问题，结果功亏一篑。情急之下，他们试了一些办法。在美洲大陆，秘鲁的印第安人发明了一种记录国家大事之法，即在彩色绳索上打结，各种结都有明确含义。中国人有时间把事情做得彻彻底底，他们发展出一种复杂的记录方法，内含成千上万个小图形（刻画符号），每个都代表一个字或一个完整思想。这是朝正确方向走了一步，但它使这个有趣国家的有识之士必须记住三四万个小图形，然后才能说："我对读写略知一二。"

腓尼基人的实用文字

***

　　简言之，整个世界都在热切寻找一种简便方法来保存口语。一直没人成功，直到埃及人登场。埃及人是不是从全无史载的其他人那里获得了使其成为可能的最初灵感，这又说不准了。

　　在我们对无数古书都提及的大西洋中某块神秘大陆（指亚特兰蒂斯。——译者）有更具体了解之前，第一个实用的象形文字系统无疑应归功于埃及法老的子民。但对埃及人来说，文字一直保持着其最初功能，它是一种神圣艺术，只能由祭司使用。随着时间的推移，继官方认可的象形文字之后，一套更简单的象形文字体系成长起来。但对商业和日常生活而言，即便这种大众化的象形文字也过于复杂，不易记住。如果没有腓尼基人，天知道我们还得等多久才能有字母表。

如尼石刻

***

这些海上打劫者对艺术毫不在乎，却给我们留下了字母表——有史以来最有用的发明之一，这似乎是历史中常见的那种恶作剧。第一个想到解决此问题实际办法的是腓尼基人而不是埃及人或巴比伦人，这完全不是偶然。

腓尼基人是古代游弋世界的商人，需要简短方便的系统来记录协议、合同。他们得给地中海沿岸各居民点的代理商写商业信函。他们谈及的是橄榄油、萨莫色雷斯岛的山羊皮，所以不愿意费时间绘制漂亮的水彩画。他们是职业强盗，从埃及顾客那儿盗用了一些神圣的小图形，将其简化成速记般的简短符号，加进自己创造的几个符号，再从那些正研究该问题的邻居那里偷几个其他符号，把这些线、点、S形钩，凑成了一个保存语言的系统，让它们基本上能捕捉人口头发出的每个声音，将其以具体可见的形式记录下来，以利于自己和后代。

这个字母表是如何从腓尼基传到希腊的？罗马人如何改造了这些字母，使之能刻在神庙门上和凯旋门四周？日耳曼部落又如何改造了它们，使之以如尼文字（一种古代的北欧文字）的形式刻在木头上？这些故事都让人着迷，但我没有篇幅叙述此类有趣的细节了。我只想说，现在借助西欧的字母表，我们几乎能记录地球上每种语言的每个声音。这一体系还不完善，我们的字母表可以从俄国邻居那儿再借用几个字母。但现在无论嘴说什么，手都能将其永远保存。

于是，知识成了不会腐朽之物。

于是，我们每日所知越来越多。

于是，甚至可以指望，有朝一日我们或许也能变得明智。

文字本质上是一种绘画，它的普及大大依赖于它写在什么材料上。

埃及人把象形文字写满坟墓和庙宇的墙壁。但提尔（腓尼基一座宏伟的城市）的商人卖给迦太基批发商的记数单（记录着科林斯葡萄干、阿提卡月桂树叶子），则需一种别的、更轻便的材料来保存。它得能放进行囊，带到船上，或驮在骡子背上。

***

事实再次证明，需求是发明之母。中国人总是比世界上其他人超前一点儿。他们发明了纸。他们第一个注意到可以用一些植

纸莎草

物纤维材料，制造适合绘画、书写之物。在基督诞生前30世纪，埃及人紧随其后，开始用尼罗河边生长的纸莎草造纸，取代庙宇墙壁和棺材盖板成为新的书写介质。腓尼基人一如既往地攫取了这一技术。莎草纸制造业的中心很快转到了腓尼基的城市哥巴尔（Gebal，希腊人称为巴比罗斯［Byblos］）。这个商品名称保留了下来。巴比罗斯城早已跟地中海东部大多数城市一样衰落了，但其主要出口产品的名字得以保存。基督教经典《圣经》（Bible）的名字就源于这个城市的名字。许多年前，这座城能造最好的莎草纸、最好的绳子和最好的船用衬垫（保护帆缆免受磨损。——译者）。

至于所用的"棉浆纸"（碎布头制浆的纸），那是很久以后才传到欧洲的。它源于中国，经过撒马尔罕、阿拉伯半岛和希腊来

写字的笔

到西方，从那儿传遍了世界。在过去几百年里，它的质量越来越差。现代书籍的寿命，大概只是 200 年前印的书的十分之一。

***

以具体形式保存思想，光有纸还不够。人们还需要其他工具写下代表各种声音的符号。罗马人在日常生活中用蜡制书写板和一把铜刻刀就够了。如果恺撒大帝请你吃饭，他会派来一个女仆，带着一块蜡制书写板。但在记录官方活动时，他们会用埃及莎草纸和一种墨。这种墨也来自埃及，很像颜料。中国人的墨做得更好。他们用树胶调和烟灰，制得的墨水能写出漂亮的黑色字。中世纪早期（当时对人为增强人类与生俱来的能力带着深刻的怀疑），我们可怜的朋友们只能凑合着使用鞣酸铁墨水、乌贼

打字机

分泌物混成的奇怪液体。直到 15 世纪，随着求知欲的伟大复兴，人们才有了像样的墨水，也有了铅笔。

也是在那时，书写不再是博学者的专利，而成了广受喜爱的一种室内活动。人人都开始有了想法，觉得应该为后代留下些什么。人们开始快速而疯狂地写作。极有用的自来水笔出现了。鹅毛笔太容易坏了，人们开始认真寻找一种能替代它的书写工具。19 世纪初期，这一努力才告成功。但到那时，书写热已席卷全世界，笔写再快也跟不上，无法记下人们想告诉彼此的亿万件事。当时机器已经开始代替人手在干其他的活儿。人们觉得书写的活儿也可以交给某个方便的小机器，把发疼的手指解脱出来，不必再吃力地、没完没了地抄写。打字机回应了白领大军的这一痛苦呼声。以前他们能写 10 页，现在能打 30 页，想打多少份就打多少份。

一个糟糕的乐队指挥会以种种方式糟蹋一部好作品，但最致命的莫过于习惯性地把重音放在错误的音符上。

历史学家也常常犯同样的错误。这不是因为他们居心不良，而是因为自古以来他们就习惯了彼此抄袭，很少费力重新解读古老的乐谱。

***

拿印刷术的发明来说吧。它给 15 世纪的人留下了深刻印象，对他们而言，这不啻是天赐之物。正当他们迫切地想以便宜的价格购书时，乐于助人的古登堡先生（他的名字 Gensfleisch 跟当地

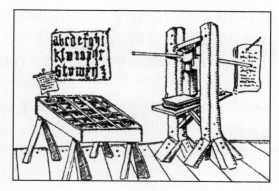
印刷机

的名菜"鹅肉"很像，因此老被取笑）给他们提供了复制文字的方法，让人人都能买得起书。从那以后，忠诚的历史学家就一直称赞古登堡先生，说他是人类的一大恩人。他费力不少，所得的利润却不多。

但印刷术属于我们所谓不可避免的发明。这类发明是对我们与生俱来能力的扩展，一旦有足够需求就会马上出现。应该说，先于别人开动脑筋，想着如何保存思想（仿佛思想是沙丁鱼一般）的人才是值得立像、论功的英雄。只把抄写的重活从人手转到机械手的人，也值得表扬，但仅此而已。

但我们不知道前者的名字，所以从不提他。

他是谁？他住在哪里，死在哪里？这些又有什么关系呢？

我们就不能给无名的科学家立个纪念碑吗？

本章不是为了赞扬美因兹的珠宝匠（古登堡），或荷兰哈勒姆的教堂司事（科斯特）——这两人是争夺"活字印刷第一人"之称的劲敌。我只是简单地说，印刷术比我们通常想象的要古老得多。

中国人是最先用雕版印刷的。但这一发明是否传到了欧洲，如果传到了又是什么时候，我们不知道。在13世纪、14世纪，人们常常以雕刻好的木版来印制圣人像，如果当地某个画家觉得手绘1000遍太费时间，就会将圣像事先刻在木板上。

15世纪，随着学问的增长，更重要的是随着贸易的普遍复兴，人们需要一种快速的，尤其是价廉的文字复制方法。这就是古登堡和他的同事的贡献：一种便宜的复制文字的方法。为证明这一点，我请你们注意，他的印刷机印出的第一件东西是一种商业文件：一张空白的赎罪券，其格式类似申请电话服务的表格。这种赎罪券的需求量是几十万张，如果一张一张手写，成本太高。

印刷机辜负了其初衷。它就是一张沾满墨水的嘴，吐出信息、教导、娱乐。像人的嘴一样，它能轻松地说聪明话，也能轻松地说蠢话。

***

这类发明可能永远不会被完全摒弃，但由于出现了真正的人造嘴——收音机，印刷机的很多活计都被替代。

收音机太新，我们还不能预测它可以为我们带来什么，会对我们有何影响，但它让嘴这一器官恢复了以前的荣耀。像手和脚一样，嘴也是自由的主体，可以选择胡说八道。但这不要紧。关键在于，经过4000年的发明，我们似乎又回到了起点。

布告

一开始，人就是通过声带把知识传递给邻居。

然后，人力图通过印刷的文字进行传递。

现在，人又借助说话这一方式了。

但以前人只能对着几个聚在村中篝火旁的同部落人说，现在他可以对着几百万人说。是的，至少从理论上来说，他可以同时对着地球上所有男女老少说话。

这可是不小的成就，它给我们以希望。

现在，何处发生了什么重大事件，越来越多的人选择通过收音机来收听。很可能另一种形式的"加强嘴"（报纸）将来某一天会彻底消失。

***

一开始，报纸是名副其实的"报—纸"。一条条信息太过重要

报纸

而不能放心交给镇上宣读布告的人，就印在一张纸上，张贴在商店橱窗外。路过的人都可以读，也许人们还要买一磅烟叶，再跟店主讨论讨论这些事。随着各种商品的价格日益依赖于世界各地的政局，一些有商业头脑的公报撰稿人在主要商业中心都设了固定的记者。他们一周两三次收集似乎重要的消息交给报社。报社借助一小箱活字、一品脱印刷墨、一台印刷机，把这些信息送至社会上数千个有购买力的成员处，好比在屋顶上大声把消息喊出来一样。

读报者从数千人发展到了数百万人。但一天中并没有那么多大事，能让六七十大页上都写满真正的新闻。剩下的版面就以各种方式取悦读者——在以前的文盲时代，人们的主要娱乐来自公开执行绞刑或淹死女巫。

***

本章有点冗长了。但在结束之前我还要说另一种发明，它也

保存口头说的话

跟我们想永久保存信息的迫切愿望有关。

　　我前面讲过，图画只不过是用一些线条和色块来讲故事。我潜到大洋的底部，碰到一种新的鱼。我可以通过发出某种声音告诉其他人，我的听众经过长期实践早已明白这些声音的含义；也可以把这些声音变成黑白的小符号整齐地写在一张纸上，学过这些符号意义的人都能明白。最后，我可以拿只铅笔或画笔，画出那个带刺的怪物，让别人也能感到它给我留下的印象。

　　人们后来发现，信息既可以通过眼睛传递，也可以通过耳朵传递。但在此之前，人们就知道图画能传递信息。

　　实际上，大多数孩子（孩子在接受一点儿教育之前，不过是野蛮人）最初几年都有一个用画画进行表达的阶段，之后才通过阅读、写字进行表达。人类在少年时期，整个社会就像一个巨大的育婴室，墙上画满了画。

　　古代世界充分意识到图画信息的价值。希腊人和罗马人只把读写之术教给需要这些的人，以及能明智利用知识的人。强迫一个一辈子既不会写信也不会收到信的农民，在一间憋闷的教室里度过五年童年时光，让他能写自己的名字，这对那些冷静的理性主义者来说，是彻头彻尾的愚蠢行为。他们还不如向聋哑人解释作曲原理呢。

中世纪人也这样想。无法用言语来进行告知的人，就以图画来教他们应知道之事。但随着要教的人越来越多，随着越来越多的人想听圣徒生平、祖先功绩，人们就努力借助机械来提高圣像的产量。正如前面说过，于是雕版印刷出现了，一块雕版能印两三千幅画。

这种方法若限于虚构地表现那些或多或少虚构的事，还算不错，但用在科学问题上时它就不太令人满意。没人会对通天塔的木刻提出异议，因为关于那座传说中的建筑，一个画家的猜想跟另一个画家的猜想相比，说不上孰优孰劣。但瓶子里的水母或胳膊上的肌肉，必须如实刻画，否则对研究栉水母、解剖学的学生就毫无用处。

于是人们开始进行各种试验，旨在以永久的图片形式，比文字或人声更准确地再现有生命的或无生命的物体。

***

很长时间内，这些试验都一败涂地。人们借助镜子、凸透镜、黑屋子，可以暂时把风景捕捉到一片玻璃上，但"捕捉"风景和"保存"风景毕竟有天壤之别。光一消失，图画就消失了。

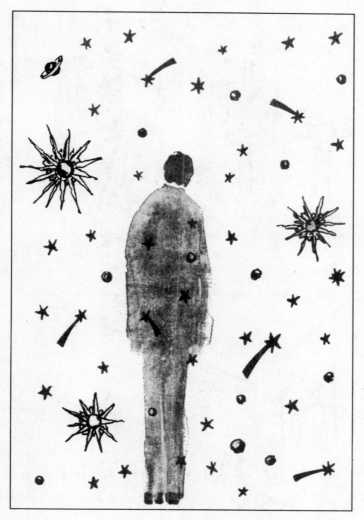

他的影子将投映在宇宙上

照相

电影

但 100 多年前，幸运女神决定插手此事，给我们这些可怜而耐心的凡人，指出一条走出困境的大道。两个法国人，一个叫路易·达盖尔，一个叫尼塞福尔·尼埃普斯（一位通才，差一点发明了发动机），长期试验各种化学溶液，找到几种溶液能让他们在玻璃片上"捕捉"图像，但之后都不能"保存"图像。一天，纯属偶然，达盖尔把一些涂有感光材料的玻璃片（曾暴露在阳光下）放在一个橱柜里，橱柜中有一瓶水银。令他吃惊的是，他发现这些玻璃片发生了前所未有的变化。由此，他开始了奇妙的化学追踪侦察，结果发明了摄影术——"用光来绘画的艺术"。

从那时起，我们就能给故事添上准确的图片，而以前，故事的准确性只能依靠口语和文字这些不太可靠的证据。

这种新技术广泛传播，世界各地都称之为巨大进步。当时，化学工业刚刚从古代炼金术士的实验室里以优异的成绩毕业，它也慷慨地来帮助这些"用光书写的人"。

接着，又有人发明了一些设备，可捕捉要"描绘"的对象静坐、赛跑、从大炮里射出来的样子等等。他们完善了移动摄影机。最后，他们能用"图画"来更快、更好地讲故事，其效果是只用"语言"（不论口语还是文字）根本无法企及的。

***

爱迪生无数次地试验机械装置，以捕捉并重放人声，最终为我们发明了"留声机"，一种能将声音记录下来的机器。这时，人们就可以把"讲故事"与"看图说话"结合起来了。从此，任何人所说所做的一切，都能以长久的形式保存许多年。

我们还得学很多东西，科学的黄金时代还未到来。

但人的嘴——如果我可以把我的比喻转用一下——可以对自己的成绩感到满意了。

它以如此巧妙的方式使自己的力量倍增。为了传递正确和错误的信息，今天的人类已是一个整体。

第六章　鼻　子

　　本章会很短。鼻子是感受嗅觉的部位，而嗅觉似乎是无法增强或深化的。本书付印时，或许我能想到十来个与人想加强鼻子的功能有关的发明，但现在我真的一个也想不出。一个如此有用的器官似乎被忽视了，这令我有些困惑。原因也许在于，与我们生理构造留下的其他遗产相比较，嗅觉在文明进程中受到的损害要小得多。

　　我觉得，即便今天，在我们与邻人的日常交往中，鼻子都是忠诚可靠的向导，虽然我们不太乐意承认这一点。对大多数人而言，鼻子似乎有点不体面。它让人想起感冒，让人痛苦地想起自己跟那些低等动物很接近，那些动物明显（有时过于明显）靠"闻"过日子。如果你暗示一个人的鼻子跟他的公共行为有关，一般他都会十分愤然。同样，如果你当面说一个人是哺乳动物，他也难以笑纳。我还是说到此为止吧。1000年以后，我们也许会更聪明，会注意一下我们在嗅觉上的潜力。

现在，我们还不聪明。在展现"万能的人类"所取得成就的博物馆中，我们找不到鼻子。可怜的呼呼喘气的鼻子是诸器官中的"灰姑娘"，干着无数杂活儿，偶尔被洒了香水的手帕擦一下，就是得到的唯一奖赏了。

***

编者注：

很久以来一直为人们所忽视的嗅觉，近来却成为时尚的话题，引起人们的强烈兴趣。进入21世纪，人类在气味的捕捉、记录和复制方面已有新的进展，发明有气味录放机、电子鼻（气味扫描仪）、电子警犬等。

据报道，日本研制的气味录放机有大有小。大型的内置96个小瓶，小型的内置32个小瓶，每个瓶里装着不同的化学药水，用于调制不同气味，可以再现玫瑰的芬芳、香蕉的甜腻、汽油的刺鼻和鱼虾的腥气。如果它的体积被进一步压缩到可以嵌入手机，那么，继文字、音乐和视频短信之后，人们将有望发送带有芳香的短信。

电子鼻则是模仿狗鼻子制作的小型、快速、灵敏的自动分析仪，比狗鼻子还要灵敏，能检查出地下煤气管道是否泄漏，可用于化学、食品、美容等行业，也可用于分析矿井、仓库、潜艇和宇宙飞船座舱里的气体成分。

当下，闻气味诊治疾病已有了较为深入的发展。以色列理工大学的研究人员研发了一台人工智能仪器，只要有人对它吹口气，它就能根据气体中的化学成分辨析出是否患有 17 种疾病。虽然这种仪器目前没有应用于临床，但研究人员希望未来这种仪器可以成为一种便携式设备，简单快速并准确检测多种疾病。

现在，人工智能、生命科学和化学等方面的专家正在努力研发，以准确识别分子、预测气味、跟踪气味，为智能设备装上"鼻子"。

第七章　耳　朵

从人工增强功能的角度来说，耳朵的境况似乎也不太好。但有关它的记录比鼻子要有意思一些，因为也有不少的发明目的就是无限强化听力。其中大多数发明都是最近才有的，如人造耳，能在人耳还没注意到异常之前，早早捕捉到飞机螺旋桨的声音。飞机的发展无疑会使我们越来越注意"遥听"技术，但直到十几年前，我们一直都在努力听得细，而不是听得远。跟耳朵有关的几个原创性发明都起源于此，以此为目的。

有人当然会说，电话和收音机应该收在本章，扩音器也可以说是一个扩大的耳朵。但我觉得，准确地讲，电话和收音机这些工具都属于嘴。它们的主要目的是实现远距离地"说"。因此，说的一端（嘴）被极度扩大，而耳朵作为听的器官几乎依然故我。在还没有人明确指出我错了之前，我姑且维持原状不改动。下面我要提到的发明，都只是为了满足我们想"听得更准"这一需要所产生的直接结果。

耳朵

***

水是很好的声音导体，所以很自然地，最先是海上的人意识到扩展耳的价值。古代挪威人似乎已知道，在水下击打木船的侧壁时，远处的人如果也在水面下几英尺深的地方，把耳朵贴在船侧，就能听见。即便今天，在北大西洋的某些地方，如果船只遇上大雾天气，船帆无风推动，又希望彼此聚在一起，还会采用敲船壁的方法彼此联络。

但对大洋货轮来说，这种方法就过于原始。于是，大洋货轮用各种电力装置提高自己的听力，这些装置能完成以前需靠手、

古代的水下信号

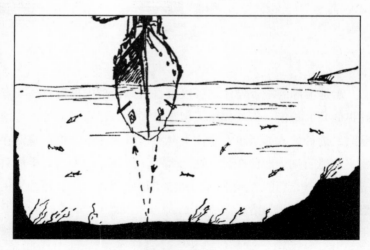

现代的水下信号

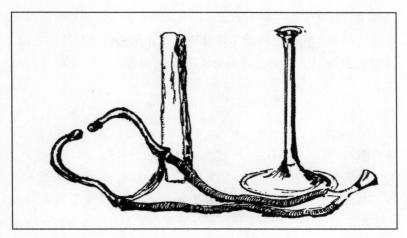

听诊器

眼完成的一些任务，如测水深、看是否有暗礁、看船是否在靠岸。

＊＊＊

陆地上不需要这些仪器。即便有此需要，能否应付现代城市左冲右突的喧嚣声，也是很值得怀疑的。但医生在安静的房间里，可以用听诊器强化自己的耳朵，听到以前眼睛完全看不到、手完全摸不到的一些东西。顺着这条路下去，我们也许会有重大进展。

也许还有别的一些只是强化听力的仪器，但我不知道是什么。

我希望他们不要提到电话录音机，因为不知为何，这种高级侦探工具放在本书中似乎不合适。我知道它存在，在所有侦探电影主人公的生活中都扮演了重要角色，让他们有机会挫败阴谋、揭露造假者。但本书主要记录人类文明的进步，它似乎总有些不妥。

***

编者注：

  利用声波可以在水下相对容易传播的特性，人们研制了多种水下测量仪器、侦察工具和武器装备，即各种"声呐"设备，在水下军事通信、导航和反潜作战中起着非常重要的作用。声呐技术的确是战争促成的发明，是人类的另一双耳朵。

  但进入21世纪，在民用方面，它将帮助人类在和平时期更好地认识、开发和利用海洋。

第八章　眼　睛

　　我们生活在一个浩瀚的空气的海洋。这个海洋特别深，我们住在它的底部，无人去过它的洋面。每天中的一些时段，这个空气的海洋整个被阳光照耀着。此时，我们说有光了，能看见了，因为我们碰巧属于一种有视觉的动物。我们头部的前面有两个形状奇怪的器官，让我们能"看"。"看"究竟是怎么回事，我不知道。目前我也不感兴趣。每秒3920亿脉冲发射到视网膜上形成红色感觉，达致其近两倍（也就是每秒7570亿脉冲）形成紫色感觉，对此我也没有兴趣。

　　一些著名的医生论断，人眼是大自然最蹩脚的器官之一，几乎任何一流的光学设备都比人眼强得多，有用得多。

　　这些科学界的流言碎语如果是真的，那很有意思。但它们不属于本书的范围，我就不讨论了。

　　看啊！我们最早的祖先遥望太空，隐隐约约想知道它是怎么回事。

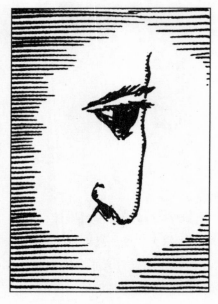

眼睛

　　他当然知道他的眼睛是做什么用的。它们能让他观察到近距离的物体。

　　他必定已经意识到，具备"观察和分辨能力"的器官，就在鼻子两侧的那两个圆球中（他用鼻子追踪野兽），就在嘴这条缝的上方（他用嘴吃东西，在危险时刻发出警告，把自己的恐惧感传达给朋友们）。

　　这种观察能力究竟是什么，他们也许不知道，50万年后的我们也一样不知道。但它必然存在于头部前面那两个圆球中，这一点是肯定的。因为如果闭上眼睛，一时就什么也"看"不见了。

穴居人的火把

而那些脸部被老虎或熊抓坏了的人则完全不能自立，必须杀了他们，否则他们会成为麻烦，威胁到整个部落的安全。

人必定也深刻地意识到了这一点：太阳一旦在遥远的地平线落下，嘴和鼻子上方的这两个小圆球就完全无用。

似乎别的一些动物在黑暗中也能看得见，但人这个物种没有这一优势。白天一结束，人只能退回自己的巢穴、山洞或其他睡觉之处，等待第二天曙光的到来。

***

但是，一旦人们发现可以从燃烧的灌木丛取火，并将火保留下来，且可以人工取火，黑夜就变得没那么可怕了。此后，人们就可以用火把代替日光，以便在黑夜也能继续视物。但火把不是

油灯

理想的照明工具。它是很重要的发明，不过它只是个开始。一切具有可燃性的材料都被一一用来照明，但进展不大。后来，人们发现可以在一碗油中放些纤维物质，只要还有油，火就会亮着。

就这样，希腊人的火把成了现代世界的灯。

《荷马史诗》中的英雄们是借着火把的亮光宴饮的。但400年后，神庙中就有无数的小油灯闪着温和的光辉了。100年后，每个配备齐全的家庭都缺不了油灯。而在地下深处，凄惨的奴隶被用链子拴在矿井壁上，借着用铅或铁造的手提灯那摇曳的光，挖着煤或铜。

*　*　*

在几乎1000年的时间里，这种又冒烟又难闻的油灯是我们

蜡烛

仅有的照明工具。然后，灯开始改变形状，渐渐成了蜡烛。蜡烛实际上就是灯，用牛羊油脂代替了灯油，但还跟以前一样保留着灯芯。

在 12 世纪，这种人造发光体越过了阿尔卑斯山，到 13 世纪中叶得到普及。此后几百年里，它们是人眼在黑暗中的唯一助手。

这段时间里，人们开始试验用别的东西替代传统的牛羊油脂，但唯一能用的是蜂蜡，可是蜂蜡极为昂贵，这种蜡烛只在教堂和宫廷中使用。

即便在教堂和宫廷，它们也只能照亮几平方米的黑暗。随着大众的生活条件开始改善，越来越多的人希望能比他们的牛、马晚睡几个小时，这时就需要更好的办法对抗难挨的黑夜。

点路灯的人

***

问题最终解决了，就是利用史前积累的能源（煤，当时这种能源刚刚让上百万台发动机转动起来），但利用方式有所不同。2500年前，希腊物理学家就完全知道，存在一些既无体积也无形状的看不见的物质。他们以深深怀疑的眼光看待这些物质，认为它们是害多利少的神秘力量，并不深究能否将其付诸实践。

对中世纪的炼金术士来说，这种"气"或"光"或"风"（不论他们将其称为什么）却是地道的恩赐。它们能发出奇怪的光，可以大大帮助他们从昏聩的顾客手里骗钱。一个老家伙专门生产"发光物"骗钱，且特别成功，他偶然发现了一种给他留下深刻印象的物质，即我们今天所称的二氧化碳。他为它起了一个引人注目的新名字——"气"（gas），源起于希腊单词"混沌"（chaos）。

虽然范·海尔蒙特本人早已被忘记，但这个名字留了下来。今天，我们说"气"时，常常专指从煤中提炼出的用以照明的气。这个发明者过于超前了自己的时代，直到17世纪人们才注意到煤气的燃烧性能。人们在猪膀胱里装上煤气来做灯火表演，这成了乡村集会上的余兴娱乐。但据说它是从地狱的某条裂缝泄漏出来的，普通人仍然对这可怕的气体深感恐惧，不肯在屋子里使用，怕被闷死在床上。

法国大革命期间，气球忽然在军事上得到广泛应用。这时，一个比利时物理学家试验在大纸包里装上煤气，而不是热气。他制造的煤气在热气球上没有用完，就用剩下的给自己的公寓照明。人们看到他想把黑夜变成白天，很不以为然。直到拿破仑战争之后很久，煤气才开始普遍用来给房子、公共道路照明。即便此时，成千上万的人仍强烈反对这种发明，并且在教会机构找到了热情的支持者。

那些可敬的牧师为反对这一新的照明系统，提出了一系列理由。他们以《圣经·创世记》解释上帝如何创造白天和黑夜那一章为基础，推论说，但凡有让眼睛在日落后能看得一清二楚的想法，就是要改进上帝的创造物，就是亵渎，表现了人的傲慢。

科隆这座重要城市的统治者，给出了不让点灯人上街的最精彩理由。他说，用煤气不仅是基督徒不该做的，而且是不爱国的。他推断，住在煤气灯照亮的城镇里，人们就不会热心于节日时的张灯结彩，而节日灯彩向来能激发崇高的爱国主义，以及对当世王朝的尊崇。

电开关

***

　　今天，这些听起来都很荒谬，全世界都已采用煤气来照明。煤气地位一直至高无上，直到有人发明了把煤变成电的方法。此后，人们只需打开几个开关，就能照亮一座城。

　　人眼终于摆脱了黑暗这一诅咒。人们却开始滥用起这一自由来——突然得到大量自由时常常如此。眼睛赐予人的视觉功能，本来是用在白天那七八个小时。现在却被迫彻夜读书，可怜的眼睛吃不了这苦，很快表现出劳损的迹象。必须强化眼睛，来帮助那些一天中大部分时间都要读书写字的人。"眼镜"的出现解决了这一问题。

***

　　人们常说是罗杰·培根发明了眼镜。也许是他，也许不是。

眼镜

探照灯

我们不知道。罗杰·培根是 13 世纪几个独立思想者之一，因此 1214—1294 年间在世上露面的一切新事物，几乎都被归于他名下。无论如何，眼镜在很长一段时间里都用处不大，主要被看成一种奢侈品，而非必需品，所以它既能帮忙，也会碍事。但因为人人都有虚荣心，所以有几千人用它。尽管 95% 的人既不会读书也不会写字，但在自己鼻子上架一副眼镜是相当潇洒和时髦的。它们仿佛在对那些买不起眼镜的人宣布："瞧！我花太多时间读书了，勤于学问，连视力都下降了。"

普遍存在的势利眼，引发了同样普遍的对眼镜的偏见，一直到最近都是如此。人们讥笑这种用磨光的水晶玻璃做的"替代眼"，与真正的男子汉太不相称。海因里希·海涅就有过这方面的经历。他去拜访魏玛的大哲人歌德时，却被告知必须先摘下眼镜，否则就不能出现在魏玛这位伟大的阿波罗神面前。

现在说点儿更严肃的话题：我们人为了扩展自己的视力，做了很多重要的尝试，以看到大自然最隐蔽、最难测的秘密。

***

人们依靠电发明了一种远距离的"眼睛"，叫探照灯，使人在晚上也同白天一样能察看海面或天空。但探照灯跟战争关系太密切，和平时期似乎没什么大用处。另外两种"加强眼"的用处则大得多。

天空高高在上。卑微的人类被囚禁在一颗小行星上，一直对环绕自己家园的那些物体深感好奇。

望远镜

　　一开始，人类只能用肉眼研究星星。从取得的天文学成就来看，巴比伦人、埃及人、希腊人要么视力极好，要么观察力极强。凡是他们能看到的，都看得很准确，但他们的视力范围必然是有限的，只能依靠肉眼，不能借助我们今天拥有的强化视力的人造工具。

***

　　博学的罗杰·培根似乎不仅发明了眼镜，还描述过一种制造"望远镜"的方法。他是否造了这样一件工具以自娱，我们不

希腊天文学家

天文台

知道。他是个大忙人。但他在被禁止写作的那些年中常常穷困潦倒，不大可能去做费用昂贵的光学试验。

总之，直到培根死后 400 年，才有人又来尝试望远镜。宗教革命的狂潮那时已经消退，有一小段时间，人们可以尽情地沉溺于科学猜想了。同时，随着小小的船只不断抵达七大洋的每个小港湾，水手们急需一件能让他们眺望远方的工具。航海在低地国家已被提升为一门艺术，难怪望远镜是由那里的居民发明的。

望远镜从荷兰出口到欧洲各地，其中一个落到了伽利略手里。他将望远镜派上了用场，说明了以前圣方济各教派领袖的禁令是有道理的（他们禁止罗杰·培根继续在应用物理领域从事危险研究）。伽利略用自己制造的望远镜（与现代望远镜相比十分简陋），把天空扩展了成千上万英里。于是，关于地球的重要性、它的行星姐妹、它的燃烧的小太阳，所有的旧观念都被完全推翻，人们必须彻底重新认识整个宇宙。

大多数人不是修正自己旧有的成见，而是称伽利略和他的天文学家同行们为危险的激进分子和恶人，认为应该阻止他们把可恶的学说传授给年轻一代。

但最后，人类神圣的好奇心一如既往地获胜了。人继续扩展自己的视力范围，到今天，在巨大望远镜的帮助下，人虽然还不知自己在哪里，但至少开始隐隐约约知道自己在朝哪儿去了。

＊＊＊

当一些人致力于看得更远时，另有一些人正想方设法看得更

看不见的细菌

精细。人们一旦明白有一个世界存在于我们的观察范围之外，它遥不可及，用肉眼无法看到，就会疑心或许也存在着一个由极小生物构成的世界，不借助视力的加强手段，就看不到这些生物。

希腊人是第一个猜到这一大方向的。但他们没有合适的透镜，这些猜想无法转换成真正的知识。

古人加强人眼功能的办法，至多是透过一个装满水的中空球体来看物体，仅此而已。

但一旦发明了透镜，人们就走上了正路。人们进行了 400 年的试验，到 17 世纪上半叶，荷兰一个叫范·列文虎克的人把几片透镜组合起来，终于让人眼看到了那些小生物（几千年前就有人预言了它们的存在）。

这种新仪器被恰当地命名为"显微镜"。第一台显微镜原始

显微镜

放大镜

得可怜，但迅速得到改进。50 年前，我们终于认识了一些我们最邪恶的敌人——微生物。但不是所有微生物都能看到，因为即便发明了最强大的显微镜，一些穷凶极恶的微生物还是能遁形，让我们无法看到。

借助伦琴教授杰出的发明——X 射线，我们已经能"看穿"人。在科学的世界里，一切似乎都是可能的。大多数问题都化为两个简单的词语——"勇气"和"耐心"。

暂时说到这儿吧。

因为我画的图没有了。爱丽丝说得对："没有图画的书，有什么用？"

如果我有时间，如果印刷不是贵得可怕，我就能再多多举出强化人类器官功能的例子，让本书有 3000 页，而不是不到 300 页。因为我只说到了几个要点，细节甚至都没提及。

即便现在，读者如果有勇气把本书读完，也许会自言自语："这无知的家伙怎么忘了这个？怎么没说那个？他在说道路时，为什么不提楼梯作为脚的延伸？螺丝锥不是加强了手的力量吗？铠甲难道不是人的又一层皮肤？猎犬难道不是代替了人的鼻子？"

他也许是对的。我本来还可以列举几百样别的东西，但本书并非"发明史"，也不是一组文章，叙述人类智慧领域的大多数先驱者的不幸生平。

相反，本书只是想从知识上打开人们的眼界。

本书旨在给普通读者一个新视角，为他提供一个简短可用的提纲，以便他今后能自己分类，把现有的一切发明细分、再细分，这活动毫无害处，颇可自娱（也许还能得到教益）。

但我还有点儿别的用意。

我在前言中说过，本书实际上是信念的表白。锤子、锯子、热气球、望远镜只是借口，让我说出这悲观消沉的时代容易忽略的几件事。

本书的潜在哲学，是希望、乐观的哲学。

它说明人不是命运的玩偶，人几乎有无限的潜力来开发自己的大脑。它表明人仍在发展的初期，但他迅速发现了最终有望克服困难的道路，那些困难让他现在的生活成了折磨。

我知道有人会反对，会说解救最终是通过精神来实现的。确实如此！但如果肉体必须挖土豆才能活着，精神也就很可怜了。

迄今为止，人已经浪费了太多时间挖土豆。

我希望人不用再挖了，能有闲暇去发展更高级的能力。

他会如何应用那些更高级的能力？我们这些属于石器时代晚期的人还不能预知。但过去的成就鼓励着我们，让我们期待人能越做越好，摆脱以前几乎使人与蜜蜂、蚂蚁一般无二的辛苦劳作。

从很多方面来说，现在是一个不幸的时刻。我们恰恰既不是奴隶，也不是主人。我们增强了手、脚、眼、耳等的能力，以获得自由。我们创造那些无生命的东西来为我们服务，但我们突然发现自己受制于它们。

这并不意味着我们以前不该努力增强自己的能力。

它只说明我们增强得还不够。

这就是摆在我们面前的任务。